Excel関数 組み合わせ

〈Excel 2016/2013/2010/2007 対応版〉

AYURA 著

技術評論社

本書の使い方

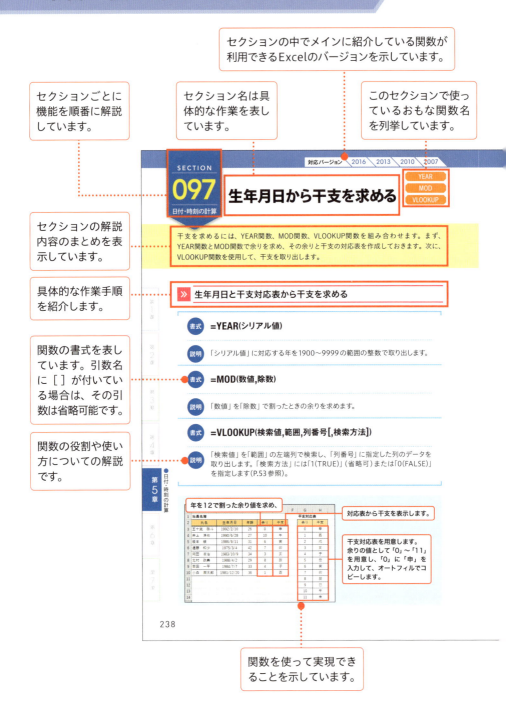

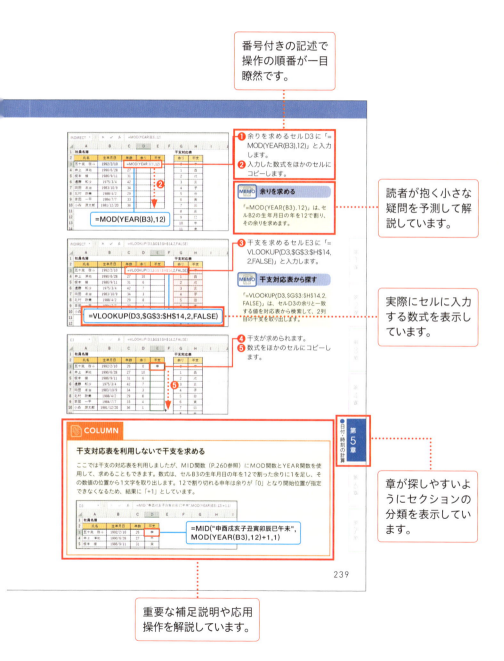

● サンプルファイルのダウンロード

本書の解説内で使用しているサンプルファイルは、以下のURLのサポートページからダウンロードできます。ダウンロードしたときは圧縮ファイルの状態なので、展開してからご利用ください。以下は、Windows 10でMicrosoft Edgeを使ったときの画面です。OSのバージョンや使用ブラウザーが異なると、一部の操作や画面が変わる場合があります。

https://gihyo.jp/book/2018/978-4-7741-9755-5/support

手順解説

1. Webブラウザー（ここではMicrosoft Edge）を起動し、アドレス欄に上記のURLを入力して、Enterキーを押します。
2. 「サンプルファイル」のリンクをクリックします。

3. 保存するかどうかを確認する画面が表示されるので、＜保存＞の横にある ∧ をクリックして、＜名前を付けて保存＞をクリックします。

004

❹ <名前を付けて保存>ダイアログボックスが表示されるので、<デスクトップ>をクリックして、

❺ <保存>をクリックします。

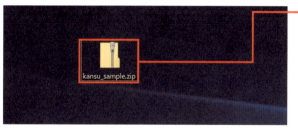

❻ デスクトップにファイルがダウンロードされました。ファイルをダブルクリックします。

❼ <すべて展開>をクリックします。

❽ 保存先が正しいかを確認して、<展開>をクリックします。

❾ デスクトップにフォルダーが作成され、サンプルファイルを利用できるようになります。

005

●目次

第1章 関数の基本を身に付ける

SECTION **001** 関数とは ………………………………………………… 18

SECTION **002** 関数を入力する ………………………………………… 20

SECTION **003** 引数を修正する ………………………………………… 26

SECTION **004** 相対参照・絶対参照・複合参照とは ……………………… 28

SECTION **005** 名前を定義して利用する ……………………………… 32

SECTION **006** 配列数式とは …………………………………………… 34

SECTION **007** 関数を組み合わせて使う ……………………………… 40

SECTION **008** 組み合わせでよく使う基本の関数 …………………… 42

第2章 データを集計・分析する組み合わせ技

SECTION **009** 日付の年や月を条件にして集計する ………………… 56
YEAR / SUMPRODUCT

SECTION **010** 指定した曜日のデータを集計する …………………… 58
WEEKDAY / SUMIF

SECTION **011** 1週間単位で集計する ………………………………… 60
WEEKNUM / SUMIF

SECTION **012** 月単位や年単位で集計する …………………………… 62
MONTH / SUMIF

SECTION **013** 偶数日／奇数日でデータを集計する ………………… 64
DAY / ISODD / SUMIF

SECTION **014** 指定した締め日を基準に集計する …………………… 66
EDATE / MONTH / SUMIF

CONTENTS

SECTION 015 指定した期間の合計を求める ･･････････････････････････68
INDEX / SUM

SECTION 016 指定した順位までの累計を求める ･･･････････････････70
RANK.EQ / SUMIF

SECTION 017 1行おきにデータを合計する ･･････････････････････････72
ROW / MOD / IF / SUM

SECTION 018 世代別にデータを集計する ･･･････････････････････････74
TRUNC / COUNTIF

SECTION 019 非表示の列を除いて集計する ･･････････････････････76
CELL / SUMIF

SECTION 020 2列ごとに集計する ･･･････････････････････････････････78
COLUMN / SUMIF

SECTION 021 四捨五入してから集計する ･･･････････････････････････80
ROUND / AVERAGE

SECTION 022 指定した期間の移動平均を求める ･･･････････････････82
OFFSET / AVERAGE

SECTION 023 外れ値を除く平均を求める ･･･････････････････････････84
IF / AVERAGE

SECTION 024 最大値と最小値を除く平均を求める ･･･････････････86
COUNT / TRIMMEAN

SECTION 025 データの上限・下限を設定する ･･･････････････････････88
MIN / MAX

SECTION 026 アンケートを評価別に集計する ･･･････････････････････90
COUNTIF / SUM

SECTION 027 データに含まれるエラーの数を数える ･･････････････92
ISERROR / SUMPRODUCT

SECTION 028 最頻値とその出現回数を求める ･･･････････････････････94
MODE.SNGL / COUNTIF / IF

SECTION 029 0を除く最下位から下位5位までの値を求める ･･･････96
COUNTIF / SUM / SMALL

SECTION 030 月ごとの小計を挿入する ･･･････････････････････････････98
MONTH / SUBTOTAL

SECTION 031 金額ごとの件数表を作成する ･･････････････････････100
INT / MOD / SUM

007

● 目次

SECTION 032 同じ値の場合にも連続した順位を付ける ································ 102
RANK.EQ / SUM

SECTION 033 特定の条件を満たすデータにのみ順位を付ける ···················· 104
COUNTIFS / IF

SECTION 034 同じ値があった場合でも順位を飛ばさずに付ける ·················· 106
MATCH / ROW / IF / RANK.EQ

SECTION 035 表示された行だけを対象に順位を付ける ·························· 108
SUBTOTAL / IF / RANK.EQ

SECTION 036 順位を指定した文字で表示する ································ 110
RANK.EQ / CHOOSE

COLUMN Excelで使える演算子 ·· 112

第 **3** 章 条件を判定する組み合わせ技

SECTION 037 条件に応じて処理を分岐する ······································ 114
IF

SECTION 038 複数の条件をすべて満たす場合に値を表示する ···················· 116
AND / IF

SECTION 039 複数の条件のいずれかを満たす場合に値を表示する ·············· 118
OR / IF

SECTION 040 偶数か奇数かで処理を分ける ······································ 120
ISEVEN / IF

SECTION 041 上位〇%に含まれるデータを検索する ··························· 122
PERCENTILE.INC / IF

SECTION 042 データに重複があるかどうかを調べる ·························· 124
COUNTIF / IF

SECTION 043 未入力の項目があるときにメッセージを表示する ··················· 126
ISBLANK / IF / MATCH / INDEX

SECTION 044 エラー表示を回避する ·· 128
ISBLANK / IF

SECTION 045 下位〇%以上を合格と判定する ··································· 130
PERCENTRANK.INC / IF

CONTENTS

SECTION 046 全員が合格したかどうかを判定する ……………………… 132
GESTEP / PRODUCT / COUNTIF / IF

SECTION 047 条件を満たす最小の値を求める ……………………… 134
IF / MIN

SECTION 048 ワースト○位を求める ……………………… 136
IF / SMALL

SECTION 049 第1四半期を4〜6月として四半期別に集計する……………… 138
MONTH / MOD / INT / SUMIF

SECTION 050 第1四半期を1〜3月として四半期別に集計する……………… 140
MONTH / QUOTIENT / SUMIF

SECTION 051 上半期・下半期に分けて集計する……………………… 142
MONTH / SUMIF

SECTION 052 曜日別に集計する ……………………… 144
TEXT / SUMIF

SECTION 053 平日と土日に分けて集計する ……………………… 146
WEEKDAY / SUMIF

SECTION 054 土日と祝日だけを集計する……………………… 148
WEEKDAY / COUNTIF / SUMIFS

SECTION 055 特定の曜日だけ割引価格を使って売上を集計する ……………… 150
WEEKDAY / SUMPRODUCT

SECTION 056 複数の行・列に入力された日数を数える……………… 152
YEAR / SUMPRODUCT

SECTION 057 複数年にわたるデータを月別で集計する……………… 154
TEXT / AVERAGEIF

SECTION 058 年月を繰り上げて合計する……………………… 156
SUM / INT / MOD

SECTION 059 0を含む表で0を除く最小値を求める ……………… 158
COUNTIF / SMALL

SECTION 060 同じ数値を含む表で各順位の数値を求める……………… 160
LARGE / IF / MAX

SECTION 061 重複していないデータの数を求める ……………… 162
COUNTIF / SUMIF

SECTION 062 複数の条件をもとに重複を除く値を数える ……………… 164
COUNTIFS / COUNTIF

009

●目次

SECTION **063** 指定したシートが存在するかどうかを調べる ･････････････････166
INDIRECT / IFERROR

COLUMN データベース関数 ･･168

第 **4** 章 データを検索・抽出する組み合わせ技

SECTION **064** 検索値をもとに別表を検索する ･･･････････････････････････････170
COLUMN / VLOOKUP / ROW / HLOOKUP

SECTION **065** エラーになる場合は何も表示しない ･･････････････････････････172
VLOOKUP / IFERROR / IF

SECTION **066** 複数の条件に一致するデータを検索する････････････････････174
VLOOKUP

SECTION **067** 複数の表から一致するデータをすべて取り出す ･･････････････176
INDIRECT / VLOOKUP

SECTION **068** 複数のシートに分かれた表を1つにまとめる ･････････････････178
INDIRECT / VLOOKUP

SECTION **069** 表のデータの縦横を入れ替える ･････････････････････････････180
COLUMNS / ROWS / INDEX

SECTION **070** 最小値／最大値だけを取り出した表を作成する･･････････････182
MAX / MIN / MATCH / INDEX

SECTION **071** 重複したデータを別表に抽出する･･･････････････････････････184
COUNTIF / ROW / IF / SMALL / INDEX

SECTION **072** メールアドレスやURLをリンク付きで抽出する ･･･････････････186
VLOOKUP / HYPERLINK

SECTION **073** VLOOKUP関数を使わずにクロス表からデータを抽出する ･････188
MATCH / INDEX

SECTION **074** データを無作為に抽出する･････････････････････････････････190
COUNTA / RANDBETWEEN / COLUMN

SECTION **075** 次にデータを入力するセルにジャンプする ･････････････････192
COUNTA / ADDRESS / HYPERLINK

SECTION **076** エラーのあるセルにジャンプする ･･･････････････････････････194
INDIRECT / ISERROR / ADDRESS

010

CONTENTS

SECTION 077 別のワークシートからデータを抽出する ……………………196
INDIRECT / VLOOKUP

SECTION 078 別のワークブックからデータを抽出する ……………………198
LOOKUP / CHOOSE / VLOOKUP

SECTION 079 単価表をもとに別の価格表を作成する ……………………… 200
VLOOKUP / TEXT / COUNTIF

SECTION 080 該当するすべてのデータを抽出する …………………………… 202
ROW / IF / SMALL / INDEX

SECTION 081 シート名を条件に集計する ………………………………………… 204
INDIRECT / SUMIF

SECTION 082 複数シートのデータを価格帯ごとに集計する ………………… 206
FLOOR.MATH / SUMIF

SECTION 083 月別のシートにデータを抽出する …………………………… 208
MONTH / INDEX

SECTION 084 四半期別のシートにデータを抽出する…………………………210
MONTH / MOD / INT / ROW / SMALL

第 5 章 日付・時刻を計算する組み合わせ技

SECTION 085 営業日の一覧を作成する …………………………………………214
ROWS / WORKDAY

SECTION 086 指定月の営業日数を求める ………………………………………216
DATE / NETWORKDAYS

SECTION 087 指定した年の最終営業日を求める………………………………218
WORKDAY / EOMONTH / NETWORKDAYS

SECTION 088 指定日数後の日付を求める ……………………………………… 220
WORKDAY

SECTION 089 翌々月5日の日付を求める……………………………………… 222
MONTH / YEAR / DATE

SECTION 090 指定日が土日の場合は別の営業日を求める ………………… 224
MONTH / YEAR / DATE / WORKDAY / WEEKDAY

SECTION 091 土日・祝日を除いて指定日を求める ………………………… 226
MONTH / YEAR / DATE / WORKDAY

011

目次

SECTION 092 締め日を基準に月を取り出す ························· 228
EDATE / MONTH

SECTION 093 締め日を基準にして支払日を求める ················· 230
DAY / IF / EOMONTH

SECTION 094 締め日を基準にして休日を除いた支払日を求める ·········· 232
DATE / WORKDAY

SECTION 095 指定した曜日を除いて指定日数後の日付を求める ········· 234
WORKDAY.INTL

SECTION 096 生年月日から満年齢を求める ······················· 236
TODAY / DATEDIF

SECTION 097 生年月日から干支を求める ························· 238
YEAR / MOD / VLOOKUP

SECTION 098 指定期間を○年○か月と求める ····················· 240
DATEDIF / TEXT

SECTION 099 年度を取り出す ·································· 242
YEAR / MONTH

SECTION 100 第3月曜日の日付を求める ························· 244
DATE / WORKDAY.INTL

SECTION 101 合計した時間を○時間○分と表示する ··············· 246
SUM

SECTION 102 時刻の秒を切り捨てる ····························· 248
TEXT / TIMEVALUE

SECTION 103 勤務時間を15分単位で切り上げる／切り捨てる ········· 250
CEILING.MATH / FLOOR.MATH / MAX

SECTION 104 勤務時間を20分単位で切り上げ／切り捨てて計算する ······· 252
FLOOR.MATH / CEILING.MATH

SECTION 105 24時間以上の時間から時と分を取り出す ············· 254
DAY / HOUR / MINUTE

SECTION 106 一定時間を過ぎると料金を上げる計算をする ··········· 256
ROUNDUP / MAX

COLUMN 日付と時刻の表示形式を変更する ····················· 258

CONTENTS

第6章 文字列を操作する組み合わせ技

SECTION 107 住所から都道府県名を取り出す ・・・・・・・・・・・・・・・・・・ 260
MID / LEFT

SECTION 108 住所から市区町村名と番地を取り出す ・・・・・・・・・・・・・・ 262
LEN / LENB / RIGHT / MID

SECTION 109 名前のデータを姓と名に分ける・・・・・・・・・・・・・・・・・・・・・ 264
FIND / LEFT / LEN / MID

SECTION 110 基準となる文字までのデータを取り出す ・・・・・・・・・・・・・ 266
FIND / MID / LEFT / SUBSTITUTE

SECTION 111 数字を日付の形式に変換する ・・・・・・・・・・・・・・・・・・・・・ 268
REPLACE

SECTION 112 改行と余計なスペースを削除する・・・・・・・・・・・・・・・・・・・ 270
CHAR / SUBSTITUTE / TRIM

SECTION 113 漢数字を算用数字に置換する ・・・・・・・・・・・・・・・・・・・・・ 272
MID / FIND / ISERROR / IF / CONCATENATE

SECTION 114 全角／半角や大文字／小文字を統一する ・・・・・・・・・・・ 274
PROPER / ASC

SECTION 115 全角／半角を区別せずに文字列を比較する・・・・・・・・・・・ 276
JIS / EXACT / IF

SECTION 116 全角／半角文字だけを取り出す ・・・・・・・・・・・・・・・・・・・ 278
LEN / LENB / LEFT / RIGHT

SECTION 117 文字列をセル参照に変換する・・・・・・・・・・・・・・・・・・・・・・ 280
ADDRESS / INDIRECT

SECTION 118 文字列をセル範囲に変換する・・・・・・・・・・・・・・・・・・・・・・ 282
INDIRECT / VLOOKUP

SECTION 119 最頻の文字列を求める ・・・・・・・・・・・・・・・・・・・・・・・・・・・ 284
MATCH / MODE.SNGL / INDEX

SECTION 120 指定した記号だけを数える ・・・・・・・・・・・・・・・・・・・・・・・ 286
SUBSTITUTE / LEN

SECTION 121 複数セルにわたって指定した記号の数を数える ・・・・・・・ 288
SUBSTITUTE / LEN / SUM

013

目次

SECTION **122** 全角文字／半角文字だけを数える 290
LEN / LENB

SECTION **123** 日付を英語表記にする 292
TEXT / DAY / IF / OR

SECTION **124** 表示形式を残したまま文字を結合する 294
FIXED / TEXT

SECTION **125** セルを結合した数値を計算で使えるようにする 296
CONCATENATE / NUMBERVALUE

SECTION **126** 複数セルの文字を改行を加えて結合する 298
CHAR / TRIM / SUBSTITUTE

SECTION **127** 電話番号を整形する 300
RIGHT / LEFT

SECTION **128** スペースを挿入する 302
REPLACE / TRIM

SECTION **129** 数値や文字列を1セルずつに分割する 304
COLUMN / RIGHT / LEFT

SECTION **130** 指定した文字までを取り出す 306
FIND / LEFT

SECTION **131** 指定した文字まで右から取り出す 308
FIND / LEN / RIGHT

SECTION **132** VLOOKUP関数で抽出した名前にふりがなを付ける 310
MATCH / INDEX / PHONETIC

COLUMN 数式の結果だけを使用する 312

第 **7** 章 関数をもっと使いこなす 組み合わせ技

SECTION **133** 連番を作成する 314
COUNTIF / TEXT / ROW / INT / DATE

SECTION **134** 1行おきに色を付ける 316
ROW / MOD

SECTION **135** 結合したセルがある場合も1行おきに色を付ける 318
COUNTA / MOD

014

CONTENTS

SECTION **136** 特定の曜日と祝日に色を付ける ･････････････････････････ 320
COUNTIF / WEEKDAY / OR

SECTION **137** 選択した行・列に色を付ける ･････････････････････････････ 322
ROW / CELL / COLUMN

SECTION **138** 指定した曜日の日付を入力できないようにする ･･････････ 324
WORKDAY.INTL

SECTION **139** 入力禁止データを入力できないようにする ･･･････････････ 326
COUNTIF

SECTION **140** スペースの入力を禁止する･･････････････････････････････ 328
FIND / ISERROR / AND

SECTION **141** 重複したデータの登録を制限する ･･････････････････････ 330
COUNTIF

SECTION **142** 入力リストを切り替える ･････････････････････････････････ 332
INDIRECT

SECTION **143** 入力リストの項目を自動的に追加する ･････････････････ 334
COUNTA / OFFSET

SECTION **144** データの数に合わせて印刷範囲を変更する ･････････････ 336
COUNTA / OFFSET

SECTION **145** 指定したシートが何枚目にあるかを調べる ･････････････ 338
SHEETS / INDIRECT / SHEET

SECTION **146** チェックボックスに自動でチェックを付ける ･･･････････････ 340
MONTH / IF

SECTION **147** 万年カレンダーを作成する･･････････････････････････････ 342
IF / DATE / WEEKDAY

索引 ･･･ 346

ご注意：ご購入・ご利用の前に必ずお読みください

●本書に記載された内容は、情報の提供のみを目的としています。したがって、本書を用いた運用は、必ずお客様自身の責任と判断によって行ってください。これらの情報の運用の結果について、技術評論社および著者はいかなる責任も負いません。

●ソフトウェアに関する記述は、特に断りのない限り、2018年4月末現在での最新バージョンをもとにしています。ソフトウェアはバージョンアップされる場合があり、本書での説明とは機能内容や画面図などが異なってしまうこともあり得ます。あらかじめご了承ください。

●本書は、Windows 10およびExcel 2016の画面で解説を行っています。これ以外のバージョンでは、画面や操作手順が異なる場合があります。

　以上の注意事項をご承諾いただいた上で、本書をご利用願います。これらの注意事項をお読みいただかずに、お問い合わせいただいても、技術評論社は対応しかねます。あらかじめご承知おきください。

■本書に掲載した会社名、プログラム名、システム名などは、米国およびその他の国における登録商標または商標です。本文中では™マーク、®マークは明記しておりません。

第 **1** 章

関数の基本を身に付ける

SECTION 001 関数の基本

対応バージョン 2016 / 2013 / 2010 / 2007

関数とは

Excelの関数とは、特定の計算を行うためにExcelにあらかじめ用意されている機能のことです。関数を利用すれば、計算に必要な値（引数）を指定するだけで、複雑な計算や各種処理をかんたんに行うことができます。関数は決められた書式に従って入力します。

» 複雑な計算をかんたんに処理できる

Excelでは、数式（セルに入力する計算式）を利用してさまざまな計算を行うことができますが、計算が複雑になると、指定する数値やセルが多くなり、数式がわかりにくくなる場合があります。関数を利用すれば、複雑で面倒な計算や各種作業をかんたんに行うことができます。

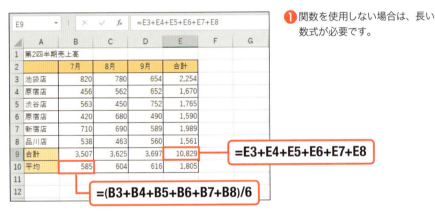

❶ 関数を使用しない場合は、長い数式が必要です。

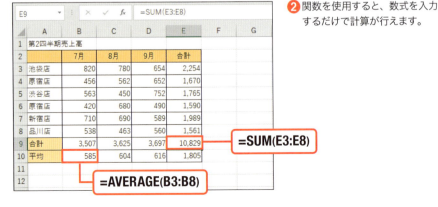

❷ 関数を使用すると、数式を入力するだけで計算が行えます。

関数は書式に従って入力する

関数は、関数ごとに決められた書式に従って入力します。先頭に「=」(イコール)を付けて関数名を入力し、後ろに引数(ひきすう)を「( )」(カッコ)で囲んで指定します。引数とは、計算や処理に必要な値のことで、関数によって内容が異なります。引数が複数ある場合は、引数と引数の間を「,」(カンマ)で区切ります。引数に連続する範囲を指定する場合は、開始セルと終了セルを「:」(コロン)で区切ります。関数名や記号はすべて半角で入力します。

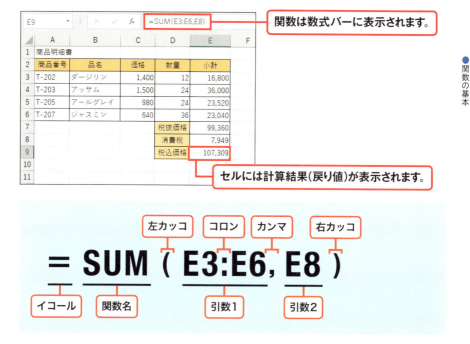

Excelには、以下の12種類の関数が用意されており、それぞれに用途と機能が異なります。

関数分類	機能
財務	貯蓄や借入の利息計算、資産管理、減価償却費のような財務に関する計算
論理	IF関数と条件判定用の論理式を組み合わせる
文字列操作	文字列の一部の取り出し、置換、連結、変換など
日付／時刻	現在の日時や時刻の取得など、日時に関連するデータの計算
検索／行列	セル範囲や配列、セル参照の位置などの検索
データベース	データの抽出や集計値、分散、標準偏差などの計算
数学／三角	四則演算や基本的な計算、集計、三角関数や指数関数の計算
統計	平均値や最大値／最小値、中央値、数値の順位などの計算
エンジニアリング	科学・工学系の特殊な計算
キューブ	SQL Serverのキューブからデータ構造などを取得
情報	セルの情報の取得やデータの状態の検査
Web	インターネットからのデータの抽出 (Excel 2013で追加)

SECTION 002 関数の基本

対応バージョン 2016 / 2013 / 2010 / 2007

関数を入力する

関数を入力するには、セルや数式バーに直接入力する、＜数式＞タブの＜関数ライブラリ＞を利用する、＜関数の挿入＞ダイアログボックスを利用するなどの方法があります。合計や平均などは、＜ホーム＞タブの＜合計＞（＜オートSUM＞）から入力することもできます。

関数を直接入力する

かんたんな関数の場合や引数が少ない、もしくは引数を必要としない関数の場合は、セルや数式バーに直接入力したほうが効率的です。はじめに「=」を入力し、関数名、左カッコ（開きカッコ）、引数、右カッコ（閉じカッコ）の順に入力します。ここでは、AVERAGE関数を使用して平均を求めます。

① 関数を入力するセルB7に「=」を入力します。

MEMO 数式バーに入力する
関数を数式バーに入力する場合は、入力するセルをクリックしてから、数式バーに入力します。

② 「AVERAGE」と関数名を入力します。

MEMO 関数名の入力
関数名は半角の小文字で入力してもかまいません。正しく認識されれば、自動的に大文字に変換されます。

③ 「(」（左カッコ）を入力して、

❹ 引数（ここではセル「B3:B5」）をドラッグして指定します。

MEMO 引数を指定する

引数をドラッグして指定する代わりに、直接入力することもできます。

❺ 「)」（右カッコ）を入力してEnterを押すと、

❻ AVERAGE関数が入力され、計算結果が表示されます。

MEMO 計算結果だけが表示される

関数が入力されているセルには計算結果（戻り値）が表示されます。セルをクリックすると、入力した数式が数式バーに表示されます。

COLUMN

数式オートコンプリートを使用する

関数を直接入力する場合、「=」に続けて関数名を1文字以上入力すると、その文字から始まる関数の候補が表示されます。2文字以降を入力すれば、さらに候補が絞り込まれます。これを「数式オートコンプリート」といい、入力したい関数をダブルクリックすると、関数名と「(」が表示されます。関数名を一部しか覚えていない場合でも入力ミスを防ぐことができるので便利です。

≫ <数式>タブの<関数ライブラリ>を利用する

<数式>タブの<関数ライブラリ>には、関数がカテゴリ別に分類されています。使用したいコマンドをクリックすると、そのカテゴリに含まれている関数が一覧で表示されるので、使用したい関数をクリックします。使用したい関数がわかっている場合は、<関数の挿入>ダイアログボックスを使うよりもすばやく関数を入力することができます。

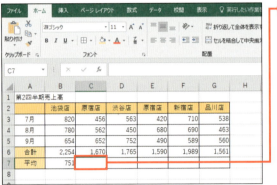

1 関数を入力するセルC7をクリックして、

2 <数式>タブをクリックします。
3 <その他の関数>をクリックして、

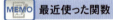

MEMO 最近使った関数

<数式>タブの<最近使った関数>には、最近使用した関数が10個表示されます。同じ関数を繰り返し使用したいときは、そこから関数を入力することもできます。

4 <統計>にマウスポインターを合わせ、
5 < AVERAGE >をクリックします。

MEMO AVERAGE関数

ここでは、平均を計算するためにAVERAGE関数を選択します。AVERAGE関数は、<その他の関数>の<統計>に含まれています。

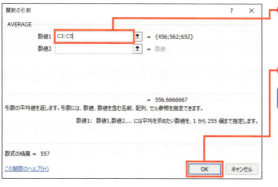

❻ <関数の引数>ダイアログボックスが表示されるので、引数（ここでは「C3:C5」）を入力し、

❼ < OK >をクリックします。

MEMO 引数の指定

<関数の引数>ダイアログボックスでは、関数が入力されたセルの上方向または左右方向のセル範囲が自動的に引数として選択されます。確認して問題なければ<OK>をクリックします。

❽ 関数が入力され、計算結果が表示されます。

COLUMN

<オートSUM>を利用する

特に使用頻度の高い関数は、<数式>タブの<オートSUM>の下部や、<ホーム>タブの<合計>（<オートSUM>）の ▼ をクリックすると表示される一覧にも用意されています。

023

≫ <関数の挿入>ダイアログボックスを利用する

<関数の挿入>ダイアログボックスは、<数式>タブや数式バーの左横にある<関数の挿入>をクリックすると表示されます。<関数の挿入>ダイアログボックスを利用すると、必要な引数を書式に従って順番に入力でき、カッコや引数を区切るカンマなども自動的に入力されるので、入力ミスを減らすことができます。

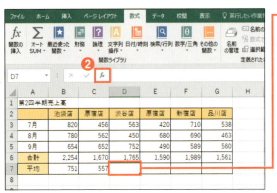

❶ 関数を入力するセル D7 をクリックして、
❷ <関数の挿入>をクリックします。

MEMO 関数の挿入

<数式>タブの<関数の挿入>をクリックしても、<関数の挿入>ダイアログボックスが表示されます。

❸ <関数の挿入>ダイアログボックスが表示されるので、<関数の分類>で<統計>を選択します。

MEMO 関数の分類

使用する関数の分類がわからないときは、<関数の分類>で<すべて表示>を選択して、<関数名>の一覧から選択することもできます。

❹ <統計>に分類される関数が一覧で表示されるので、使用する関数名（ここでは< AVERAGE >）をクリックして、
❺ < OK >をクリックします。

❻ <関数の引数>ダイアログボックスが表示されるので、引数を入力し、

❼ <OK>をクリックします。

MEMO 引数の指定

<関数の引数>ダイアログボックスでは、関数が入力されたセルの上方向または左方向のセル範囲が自動的に引数として選択されます。確認して問題なければ<OK>をクリックします。

❽ 関数が入力され、計算結果が表示されます。

COLUMN

使用したい関数を探す

使用したい関数がわからないときは、<関数の挿入>ダイアログボックスで目的の関数を探すことができます。<関数の検索>に、関数を使って何を行いたいかを簡潔に入力し、<検索開始>をクリックすると、条件に該当する関数の候補が表示されます。

025

対応バージョン 2016 2013 2010 2007

SECTION
003
関数の基本

引数を修正する

関数の引数を変更するには、＜関数の引数＞ダイアログボックスを表示して修正する、数式を編集できる状態にして直接修正する、引数に指定したセル参照の色枠をドラッグして修正するなどの方法があります。

＜関数の引数＞ダイアログボックスで修正する

❶ 数式が入力されているセルB7をクリックして、
❷ ＜関数の挿入＞をクリックします。

MEMO 引数を修正する

ここでは、月平均の計算式に、合計を計算したセルB6が含まれているので、修正する必要があります。

❸ ＜関数の引数＞ダイアログボックスが表示されるので、修正したい引数の入力欄をクリックして、

❹ 引数を修正します。ここでは、「B3:B6」を「B3:B5」に修正します。
❺ ＜OK＞をクリックすると、修正後の計算結果が表示されます。

≫ 数式を編集できる状態にして修正する

❶ 数式が入力されているセルC7をクリックします。

❷ 数式バーに数式が表示されるので、クリックして引数を修正します。

❸ Enter を押すと、修正後の計算結果が表示されます。

MEMO 数式を編集する

数式が入力されているセルをダブルクリックすると、数式が編集状態になります。その状態で直接修正することもできます。

≫ セル参照をドラッグして修正する

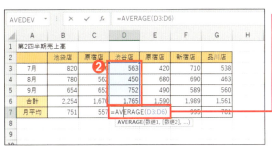

❶ 数式が入力されているセルD7をダブルクリックすると、

❷ 引数に指定したセル範囲が色枠で囲まれます。

MEMO セル参照

セル参照とは、数式の中などで数値の代わりにセル位置を指定することをいいます。

❸ 色枠の四隅のハンドルにマウスポインターを合わせてドラッグし、セル範囲を修正します。

❹ Enter を押すと、修正後の計算結果が表示されます。

SECTION 004 関数の基本

対応バージョン 2016 / 2013 / 2010 / 2007

相対参照・絶対参照・複合参照とは

セル参照を利用した数式をコピーすると、コピー先のセル位置に合わせて参照するセルが変化します。参照するセルを変えたくない場合は、コピー元の数式のセル参照を固定します。セルの参照方式には3種類あり、目的に応じて使い分けます。

相対参照で数式をコピーする

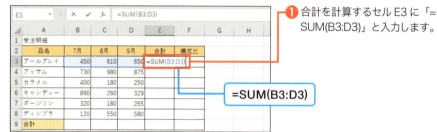

❶ 合計を計算するセル E3 に「=SUM(B3:D3)」と入力します。

=SUM(B3:D3)

❷ Enter を押して計算結果を表示します。
❸ 数式を入力したセルのフィルハンドルをドラッグすると、

MEMO 数式をコピーする

数式をコピーするには、数式が入力されているセルをクリックし、フィルハンドル（セルの右下隅にあるグリーンの四角形）をコピー先までドラッグします。

❹ 数式がコピーされ、コピー先のセル位置に合わせて参照するセルが自動的に変化します。

MEMO 相対参照

相対参照は、セル参照を使った数式をほかのセルにコピーすると、参照するセルがコピー先のセルに合わせて自動的に変わる参照方式です。Excelの初期状態では相対参照が使われます。

=SUM(B8:D8)

028

絶対参照で数式をコピーする

① 構成比を計算するセル F3 に「=E3/E9」と入力します。
② 「E9」をクリックしてカーソルを表示し、F4 を押すと、

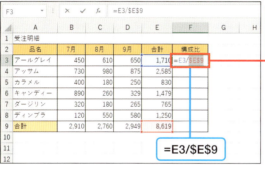

③ 「E9」が「$E$9」に変わり、絶対参照になります。

MEMO 絶対参照

絶対参照は、コピー元の数式のセル参照を固定する参照方式です。セル参照を固定するには、行番号と列番号の前に「$」を付けます。

④ Enter を押して数式を確定します。
⑤ フィルハンドルをドラッグして数式をコピーすると、

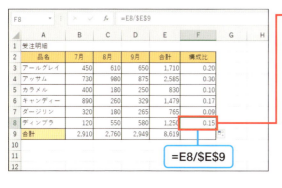

⑥ 数式がコピーされます。コピー先のセル位置に合わせて参照するセルが変化しますが、コピー元のセル E9 は固定されています。

029

複合参照で数式をコピーする

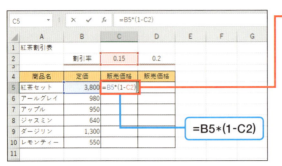

❶ 定価から割引額を引いた販売価格を求めるセル C5 に「=B5*(1-C2)」と入力します。

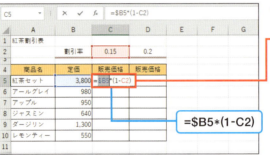

❷ 「B5」をクリックして、F4 を3回押すと、
❸ 「$B5」となり、列 B が絶対参照、行 5 が相対参照に切り替わります。

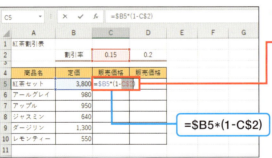

❹ 「C2」をクリックして、F4 を2回押すと、
❺ 「C$2」となり、列 C が相対参照、行 2 が絶対参照に切り替わります。

❻ Enter を押して計算結果を表示します。

MEMO 複合参照

複合参照は、コピー元の数式のセル参照を列または行だけ固定する参照方式です。固定する列番号または行番号のどちらか一方に「$」を付けます。

❼ セル C5 の数式をセル D5 に
コピーします。

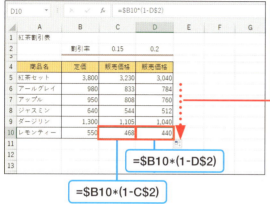

❽ セル C5 とセル D5 の数式を
セル C10 とセル D10 までコ
ピーします。
❾ コピー元の B 列と 2 行目が固
定されます。

COLUMN

参照方式を切り替える

参照方式を切り替えるには、数式を入力中にセル参照を指定した直後、あるいは数式内のセル参照をクリックしてカーソルを表示した状態で F4 を押します。F4 を押すごとに固定される行や列に「$」が付きます。F4 を 4 回押すと、もとの状態に戻ります。

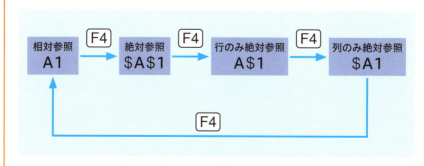

031

SECTION 005 関数の基本

名前を定義して利用する

対応バージョン 2016 2013 2010 2007

特定のセルやセル範囲に名前を付けることができます。セル範囲に付けた名前は、数式の中でセル参照の代わりに利用することができるので、数式がわかりやすくなります。設定した名前は変更したり、参照範囲を変更したり、削除したりすることができます。

≫ セル範囲に名前を付けて引数に使用する

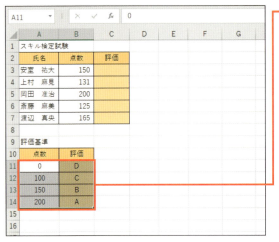

❶ 名前を付けたいセル範囲（ここでは「A11:B14」）をドラッグして選択します。

MEMO セル範囲に名前を付ける

名前は、＜数式＞タブをクリックして＜名前の定義＞をクリックすると表示される＜新しい名前＞ダイアログボックスでも付けることができます。

❷ 名前ボックスに名前（ここでは「評価基準」）を入力して Enter を押すと、
❸ セル範囲に名前が付きます。

MEMO 範囲名に使えない文字

範囲名の先頭には数字は使えません。また、「A1」や「$A$1」のようなセル参照と同じ形式の名前や、Excelの演算子として使用されている記号や感嘆符（!）は使えません。

④ 評価を表示するセル C3 に
「=VLOOKUP(B3,」と入力して、

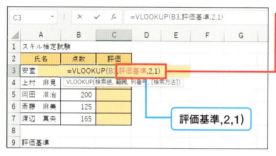

⑤ セル範囲 A11:B14 の代わりに名前「評価基準」を入力し、続けて「,2,1)」と入力して、
⑥ Enter を押します。

MEMO　VLOOKUP関数

VLOOKUP関数（P.53参照）は、表を検索して指定した列の値を取り出す関数です。

⑦ 数式をほかのセルにコピーすると、
⑧ 評価基準に基づいた評価が表示されます。

MEMO　評価を付ける

「=VLOOKUP(B3,評価基準,2,1)」は、「評価基準」表からセルB3の点数を検索し、同じ行にある2列目の評価を取り出しています。

COLUMN

名前を編集する

設定した名前を変更したり、参照範囲を変更したりするには、＜数式＞タブをクリックして、＜名前の管理＞をクリックすると表示される＜名前の管理＞ダイアログボックスで行います。

SECTION

006

関数の基本

対応バージョン　2016　2013　2010　2007

配列数式とは

同じ種類のデータが入力されているセル範囲を1つの固まりとして扱ったものを配列といいます。配列数式とは、配列を使った数式のことをいいます。配列数式は数式の前後が「{ }」（中カッコ）で囲まれます。

≫ 配列とは

配列とは、同じ種類のデータが入力されているセル範囲を1つの固まりとして扱ったものです。個々のデータを配列の要素といいます。Excelでは、セルを配列の要素として、セル範囲を配列として扱うことができます。

配列「商品名」　　配列「単価」　　配列「数量」

	商品名	単価	数量	E
1	商品売上表			
2	商品名	単価	数量	
3	アールグレイ	980	56	
4	アップル	950	68	
5	ジャスミン	640	112	
6	ダージリン	1,300	42	
7	レモンティー	550	200	
8	アッサム	1,500	48	
9	ディンブラ	1,650	60	
10				

配列「単価」の要素　　配列「数量」の要素

≫ 配列数式とは

配列を使った数式のことを配列数式といいます。配列を利用した数式は、Ctrl と Shift を押しながら Enter を押して確定します。この方法で確定すると、数式の前後が「{ }」（中カッコ）で囲まれます。

D3　　fx　{=B3:B9*C3:C9}　　　{=B3:B9*C3:C9}

	A	B	C	D	E
1	商品売上表				
2	商品名	単価	数量	小計	
3	アールグレイ	980	56	54,880	
4	アップル	950	68	64,600	
5	ジャスミン	640	112	71,680	

配列数式は数式の前後が「{ }」（中カッコ）で囲まれます。

034

配列数式を使うメリット

左表で「合計金額」を計算する場合、一般的には、「単価」と「数量」を掛けて「小計」を計算し、その小計を集計します。

配列数式を使うと「小計」を計算することなしに、「合計金額」を一気に計算することができます。入力方法は、次ページで解説します。

COLUMN

配列に指定するセル範囲

配列どうしの計算は、相対的に同じ位置にある要素（セル）どうしで計算が行われます。配列に指定するセル範囲の行数と列数は同じである必要があります。

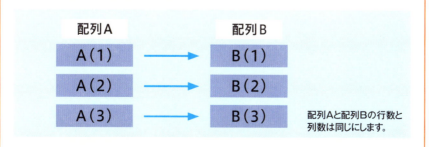

配列Aと配列Bの行数と列数は同じにします。

配列どうしを計算する

❶ 結果を表示するセル C10 に「=SUM(」と入力して、

❷ 配列「単価」のセル範囲 B3:B9 をドラッグして指定します。

❸ 「*」を入力して、

❹ 配列「数量」のセル範囲 C3:C9 をドラッグして指定します。

MEMO　セル範囲を指定する

ここでは、セル範囲をドラッグして指定していますが、直接入力して指定することもできます。

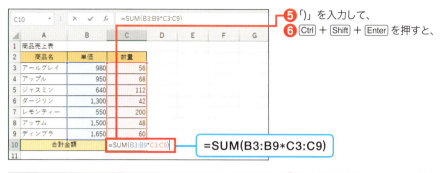

❺「)」を入力して、
❻ Ctrl + Shift + Enter を押すと、

=SUM(B3:B9*C3:C9)

❼ 配列数式を使った SUM 関数が入力され、合計金額が計算されます。

MEMO 配列数式

「{=SUM(B3:B9*C3:C9)}」は、配列「単価」のセル範囲B3:B9と配列「数量」のセル範囲C3:C9を掛けた結果をSUM関数で合計しています。

COLUMN

単一の値や式とを計算する

ここでは、配列どうしを計算しましたが、配列と単一の値や式とを計算することもできます。下図は、配列「点数」が165より多いかどうかを判定しています。配列内の各要素は、単一の値「>165」と計算されます。

{=B3:B8>165}

》 配列数式を修正する

配列数式を使用している場合、1つの要素(セル)だけを修正することはできません。修正するときは、配列単位で行います。また、削除する場合も配列単位で削除する必要があります。

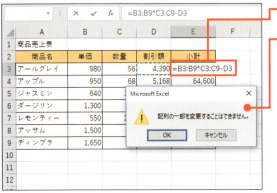

❶ 1つのセルの数式を修正しようとすると、
❷ メッセージが表示されて修正できません。

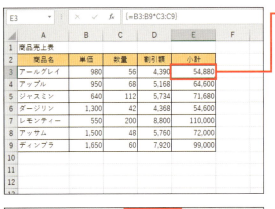

❸ 配列数式が入力されているセル E3 をクリックして、

❹ 数式バーをクリックします。「{ }」は自動的に非表示になります。

> **MEMO 配列数式の範囲を選択する**
>
> 配列数式をどのセル範囲に入力したかを確認するには、いずれかのセルをクリックして、Ctrl+/を押します。

❺ 数式を修正して、
❻ Ctrl + Shift + Enter を押すと、

❼ 配列数式が修正されます。

MEMO 行を追加する

配列数式を使用した表に行を追加するには、追加したい範囲を含めて配列全体を選択し、数式バーで数式を修正したあと、Ctrl + Shift + Enter を押します。

🔗 COLUMN

セルを削除するには

配列数式を使用した表から行や列を削除する場合は、いったん入力した配列数式を削除する必要があります。削除したあと、あらためて配列数式を入力し直します。

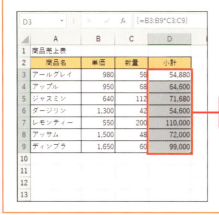

配列数式を入力したセル範囲を選択し、Delete を押して数式を削除します。

SECTION
007
関数の基本

対応バージョン 2016 2013 2010 2007

関数を組み合わせて使う

関数は単体で使用するだけでなく、複数の関数を組み合わせて使用することができます。関数を組み合わせることで、1つの関数ではできない複雑な計算や処理が可能になります。関数の引数に関数を指定することを関数をネストする（入れ子にする）といいます。

≫ 関数の引数に関数を指定する

関数をネストすると数式が長くなります。関数をネストする場合は、＜関数の引数＞ダイアログボックスを使用すると便利です。ここでは、セルB3の数値とAVERAGE関数で求めた平均点を比較して、平均点以上の場合は○を、平均点未満の場合は×を表示する数式を作成します。IF関数の引数にAVERAGE関数をネストします。

=IF(B3>=AVERAGE($B$3:$B$10),"○","×")

❶ 関数を入力するセルC3をクリックして＜数式＞タブをクリックし、＜論理＞から＜IF＞をクリックします。
❷ IF関数の＜関数の引数＞ダイアログボックスが表示されるので、＜論理式＞に「B3>=」と入力します。

❸ 名前ボックスの をクリックして、
❹ ＜AVERAGE＞をクリックします。

MEMO 使用したい関数がない場合

名前ボックスの一覧に使用したい関数がない場合は、メニューの最下段にある＜その他の関数＞をクリックして、目的の関数を選択します。

❺ AVERAGE関数の＜関数の引数＞ダイアログボックスが表示されるので、＜数値1＞に「$B$3:$B$10」と入力します。

❻ 数式バーの数式の最後をクリックします。

MEMO ダイアログボックスの切り替え

数式バーの数式の最後か関数名をクリックすると、＜関数の引数＞ダイアログボックスの内容が切り替わります。

❼ IF関数の＜関数の引数＞ダイアログボックスが表示されるので、＜値が真の場合＞に「○」を、＜値が偽の場合＞に「×」を入力して、

❽ ＜OK＞をクリックします。

MEMO 「"」の入力

引数の中で文字列を指定する場合は、「"」で囲む必要がありますが、＜関数の引数＞ダイアログボックスを使用した場合は、自動的に入力されます。

❾ 数式が入力されて、判定結果が表示されます。

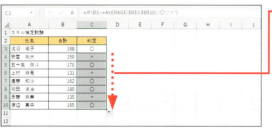

❿ 数式をコピーすると、すべての判定結果が表示されます。

SECTION 008 関数の基本

対応バージョン 2016 2013 2010 2007

組み合わせでよく使う基本の関数

関数と関数を組み合わせて使用すると、複雑な計算や処理が可能になります。組み合わせ次第では、単独ではできないさまざまな問題を解決することができます。ここでは、組み合わせでよく使う基本の関数をいくつか紹介します。

≫ IF関数

IF関数は、指定した条件によって処理を振り分ける関数です。引数「論理式」に「もし〜ならば」という条件を指定し、条件が成立する場合は、引数に指定した「真の場合」の処理を、成立しない場合は「偽の場合」の処理を実行します。

書式 =IF(論理式[,真の場合][,偽の場合])

説明 条件によって処理を振り分けます。「論理式」には、結果がTRUE(真)またはFALSE(偽)になるような条件式を指定します。「真の場合」には条件式がTRUEの場合の処理を、「偽の場合」にはFALSEの場合の処理を指定します。

	A	B	C	D	E	F
1	スキル検定試験			合格	165点以上	
2	氏名	英会話	パソコン	合計	合否	
3	浅沼 瑶子	85	83	168	合格	
4	安室 祐大	62	88	150		
5	五十嵐 啓斗	80	90	170	合格	
6	上村 麻見	73	58	131		
7	遠藤 和沙	82	80	162		
8	岡田 准治	85	95	180	合格	
9	斎藤 麻美	65	70	135		
10	渡辺 真央	85	80	165	合格	

=IF(D3>=165," 合格 ","")
　　論理式　　真の場合　偽の場合

論理式に「セルD3の値が165点以上」を指定し、条件が成立する場合は「合格」、成立しない場合は「""」を表示します。「""」は、長さ0の文字列を意味し、セルには何も表示されません。引数に文字列を指定するときは、「"」(ダブルクォーテーション)で囲みます。

042

IF関数を入れ子にして複数条件で処理を振り分ける

IF関数では、基本的には1つの条件に応じて2通りの処理に振り分けることしかできませんが、IF関数の中にIF関数をネスト（入れ子）すると、条件に応じて振り分ける処理の数を増やすことができます。下記の例では、論理式が成立しないとき（偽の場合）の処理にもう1つIF関数を指定して、処理を3つに分けています。

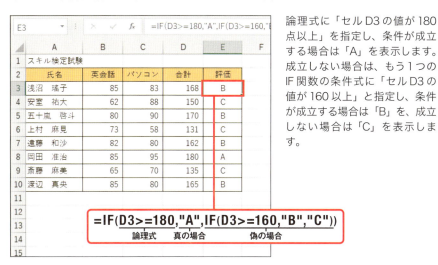

論理式に「セルD3の値が180点以上」を指定し、条件が成立する場合は「A」を表示します。成立しない場合は、もう1つのIF関数の条件式に「セルD3の値が160以上」と指定し、条件が成立する場合は「B」を、成立しない場合は「C」を表示します。

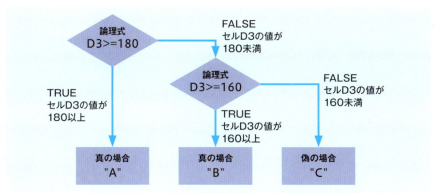

COLUMN

論理値とは

条件に一致するかどうかを判定するには、論理式を指定します。論理式とは、TRUE（真）またはFALSE（偽）のどちらかを返す式で、比較演算子（P.112参照）などを使用して作成します。このTRUEまたはFALSEを論理値といいます。

≫ AND関数

AND関数は、指定した複数の条件がすべて成立するときにTRUEを、1つでも成立しないときにFALSEを返す関数です。

 =AND(論理式1[,論理式2,…])

 「論理式」で指定したすべての条件を満たすかどうかを判定します。指定した論理式がすべて成立する場合(真の場合)はTRUE、1つでも成立しない場合(偽の場合)はFALSEを返します。

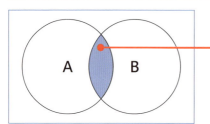

条件Aと条件Bをともに満たす部分が「A AND B」になる

「セルB3の値が80以上」と「セルC3の値が80以上」の2つの条件を同時に満たすかどうかを判定します。満たす場合（真の場合）は「TRUE」を、満たさない場合（偽の場合）は「FALSE」を表示します。

≫ OR関数

OR関数は、指定した複数の条件のうち1つでも成立するときにTRUEを、すべて成立しないときにFALSEを返す関数です。

 =OR(論理式1[,論理式2,…])

 「論理式」で指定したいずれかの条件を満たすかどうかを判定します。指定した論理式が1つでも成立する場合(真の場合)はTRUE、すべて成立しない場合(偽の場合)はFALSEを返します。

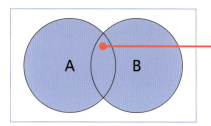

条件Aと条件Bのどちらか一方でも満たす部分が「A OR B」になる

「セルB3の値が80以上」と「セルC3の値が80以上」の2つの条件を、1つでも満たすかどうかを判定します。満たす場合（真の場合）は「TRUE」を、満たさない場合（偽の場合）は「FALSE」を表示します。

=OR(B3>=80,C3>=80)
　　　論理式1　　　論理式2

NOT関数

NOT関数は、指定した条件を満たしていないときにTRUEを、満たしているときにFALSEを返す関数です。条件を満たさないものを調べるときに使用します。

書式 =NOT(論理式)

説明 条件を満たさないものを判定します。「論理式」で指定した条件が成立する場合（真の場合）はFALSE、成立しない場合（偽の場合）はTRUEを返します。

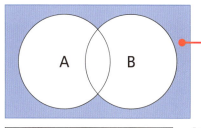

条件Aまたは条件Bでないのは「NOT(A OR B)」になる

「セルB3の値が80以上」と「セルC3の値が80以上」を満たしていないかどうかを判定します。満たしている場合（真の場合）に「FALSE」を、満たしていない場合（偽の場合）は「TRUE」を表示します。

=NOT(OR(B3>=80,C3>=80))
　　　　　　論理式

COUNTIF関数／COUNTIFS関数

COUNTIF関数は、検索条件に一致するセルの個数を数える関数です。COUNTIF関数が検索条件を1つしか指定できないのに対して、COUNTIFS関数は、複数の条件に一致するセルの個数を数えることができます。

書式 =COUNTIF(範囲,検索条件)

説明 指定した「範囲」内で「検索条件」に一致するセルの個数を数えます。

書式 =COUNTISF(検索条件範囲1,検索条件1[,検索条件範囲2,検索条件2,…])

説明 指定した「検索条件範囲」内で、複数の「検索条件」に一致するセルの個数を数えます。

セル範囲 B6:B13 内でセル A3 に指定する「店舗」を検索し、条件に一致するセルの数を数えます。

=COUNTIF(B6:B13,A3)
　　　　　範囲　検索条件

セル範囲 B6:B13 内でセル A3 に指定した「店舗」と、セル範囲 C6:C13 内でセル B2 に指定した「分類」を検索し、両方の条件に一致するセルの数を数えます。

=COUNTIFS($B$6:$B$13,
　　　　　　検索条件範囲1
$A3,$C$6:$C$13,B$2)
検索条件1　検索条件範囲2　検索条件2

SUMIF関数／SUMIFS関数

SUMIF関数は、検索条件に一致するデータを検索し、対応する数値を合計する関数です。SUMIF関数が検索条件を1つしか指定できないのに対して、SUMIFS関数は、複数の条件を指定し、それらをすべて満たす値を合計することができます。

=SUMIF(範囲,検索条件[,合計範囲])

「範囲」内で「検索条件」に一致するデータを検索し、対応する「合計範囲」の数値を合計します。「合計範囲」を省略した場合は、指定した「範囲」で条件を満たすセルが合計されます。

=SUMIFS(合計対象範囲,条件範囲1,条件1[,条件範囲2,条件2,…])

「条件範囲」内で複数の「条件」に一致するデータを検索し、対応する「合計対象範囲」内の数値を合計します。

セル範囲 B6:B13 内でセル A3 に指定する「店舗」を検索し、一致する行のセル範囲 D6:D13 にある値を合計します。

=SUMIF(B6:B13,A3,D6:D13)
　　　　範囲　　検索条件　合計範囲

セル範囲 B6:B13 内でセル A3 に指定した「店舗」と、セル範囲 C6:C13 内でセル B2 に指定した「分類」を検索し、両方の条件に一致する行のセル範囲 D6:D13 にある値を合計します。

=SUMIFS($D$6:$D$13,$B$6:$B$13,
　　　　　　合計対象範囲　　　　条件範囲1
$A3,$C$6:$C$13,B$2)
条件1　条件範囲2　　条件2

ROW関数

ROW関数は、指定したセルや現在のセルの行番号を求める関数です。ROW関数で行番号を振ると、順番に振られた番号のどれか1つを削除したり追加したりしても、自動的に番号が振り直されます。また、ROWS関数を利用して行番号を求めることもできます。

書式 =ROW([参照])

説明 指定したセルの行番号を求めます。「参照」には、行番号を調べるセルまたはセル範囲を指定します。省略すると、ROW関数を入力したセルの行番号が求められます。

書式 =ROWS(配列)

説明 「配列」に指定したセル範囲の行数を求めます。

❶ セルA3に引数を省略したROW関数を入力します。セルA3を「1」にするために、2を引いて調整しています。

❷ セルA4以降はセルA3の数式をオートフィルでコピーします。

❸ 行単位でデータを削除（あるいは追加）しても、自動的に番号が振り直されます。

COLUMN関数

COLUMN関数は、指定したセルや現在のセルの列番号を求める関数です。COLUMN関数で列番号を振ると、順番に振られた番号のどれか1つを削除したり追加したりしても、自動的に番号が振り直されます。また、COLUMNS関数を利用して列番号を求めることもできます。

=COLUMN([参照])

説明 「参照」に指定したセル範囲の列番号を求めます。「参照」には、列番号を調べるセルまたはセル範囲を指定します。省略すると、COLUMN関数が入力されているセルの列番号が求められます。

=COLUMNS(配列)

説明 「配列」に指定したセル範囲の列数を求めます。

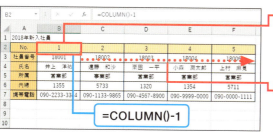

❶ セルB2に引数を省略したCOLUMN関数を入力します。セルB2を「1」にするために、1を引いて調整しています。

❷ セルC2以降はセルB2の数式をオートフィルでコピーします。

❸ 列単位でデータを削除（あるいは追加）しても、自動的に番号が振り直されます。

📝 COLUMN

ROWS関数とCOLUMNS関数

ROW関数やCOLUMN関数の代わりにROWS関数やCOLUMNS関数で行番号や列番号を求めることもできます。行番号の場合はセルA3に「=ROWS($A$3:A3)」と入力します。これは、セル範囲の始点を絶対参照で指定し、数式をコピーしたときに終点のセルが移動して、セル範囲が1行ずつ拡張するようにしています。列番号の場合は、「=COLUMNS($B$2:B2)」と入力します。

INDEX関数

INDEX関数は、対象とするセル範囲内の行番号と列番号を指定して、交差する位置にある値を取り出す関数です。セルの値を取り出すだけでなく、SUM関数と組み合わせて指定した期間の合計を求めたり、MATCH関数（P.51参照）と組み合わせて必要なデータを取り出したりすることができます。

書式 =INDEX(配列,行番号[,列番号])

説明 「配列」内で「行番号」と「列番号」が交差する位置にあるセル参照を求めます。「行番号」や「列番号」に「0」を指定した場合は、列全体または行全体がそれぞれ取り出されます。「配列」で指定したセル範囲が1行や1列の場合は、「行番号」や「列番号」を省略できます。

セル範囲 B6:F10 内で、「行番号」に部屋番号のセル B2、「列番号」に曜日のセル B3 を指定し、交差する位置の値を取り出します。

=INDEX(B6:F10,B2,B3)
　　　　配列　　行番号 列番号

INDEX 関数を使って、セル範囲 B3:B15 から、セル D3 のセル参照とセル F3 のセル参照を求め、「：」でつなげて SUM 関数の引数に指定することで、セル範囲 D3 ～ F3 で指定した期間（ここでは B6 ～ B14）の販売数を合計します。

=SUM(INDEX(B3:B15,D3):
　　　　　　配列　　行番号
INDEX(B3:B15,F3))
　　　配列　　行番号

MATCH関数

MATCH関数は、特定の値を検索し、検査範囲内での相対的な位置を求める関数です。大きな表などで目的の値が表の何番目にあるかを知りたい場合などに利用すると、すばやく位置を確認することができます。INDEX関数（P.50参照）などと組み合わせて使用されます。

=MATCH(検査値,検査範囲[,照合の種類])

「照合の種類」に従って「検査範囲」内を検索し、「検査値」と一致するセルの相対的な位置を求めます。「照合の種類」に「0」を指定すると検査値と完全に一致する値を、省略するか「1」を指定すると検査値以下の最大値、「-1」を指定すると検査値以上の最小値が検索されます。

「検査値」に氏名を入力するセル A3 を、「照合の種類」に完全一致の「0」を、「検査範囲」にセル範囲 B6:B15 を指定し、セル A3 に入力した氏名が表内の何番目にあるかを求めます。

「行番号」の MATCH 関数では、セル B2 の店舗名をセル範囲 A7:A15 内で検索し、完全一致する店舗名の位置を求めます。「列番号」の MATCH 関数では、セル B3 の分類をセル範囲 B6:E6 内で検索し、完全一致する分類の位置を求めます。それぞれを行番号と列番号として、INDEX 関数で販売数を取り出します。

SUMPRODUCT関数

SUMPRODUCT関数は、配列の要素どうしを掛け合わせて、それらの合計を計算する関数です。配列に条件式を指定すると、配列の要素が条件に一致するかどうかを判定することもできます。

書式　=SUMPRODUCT(配列1[,配列2,…])

説明　範囲または配列の対応する要素どうしを掛け合わせ、その結果を合計します。「配列」には、行数と列数が同じセル範囲を指定します。

書式　=SUMPRODUCT((配列の論理式)*1[,(配列の論理式2)*1,…])

説明　「配列の論理式」に条件式を指定し、配列の要素が条件に一致するかどうかを判定します。判定結果は論理値となるため、各要素に1を掛けて、「TRUE」は1、「FALSE」は0に数値化します。

セル範囲 B3:B9、C3:C9、D3:D9 で同じ行にある各セルを掛け算し、それらの結果を合計しています。

=SUMPRODUCT(B3:B9, C3:C9, D3:D9)
　　　　　　 配列1　 配列2　配列3

生年月日のセル範囲 C3:C20 の各要素から月数を取り出して、セル E3 の月に等しいかどうかを判定します。その結果に 1 を掛けて数値化し、「1」の要素を合計します。その結果、5 月生まれの人数が求められます。

=SUMPRODUCT(
(MONTH(C3:C20)=E3)*1)
　　　　配列の論理式

VLOOKUP関数

VLOOKUP関数は、表を縦(列)方向に検索して該当する値を取り出す関数です。検索する表は、左端列に検索対象のデータを入力し、VLOOKUP関数が返すデータを検索対象の列より右の列に入力しておくことが必要です。

書式 =VLOOKUP(検索値,範囲,列番号[,検索方法])

説明 「検索値」を「範囲」の左端列で検索し、「列番号」に指定した列のデータを取り出します。「検索方法」には「1(TRUE)」(省略可)または「0(FALSE)」を指定します。

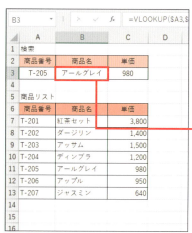

セル A3 に入力した商品番号を別表のセル範囲 A7:C13 の左端列で検索し、一致する行の 2 列目から「商品名」を取り出しています。「検索方法」に「0」(FALSE)を指定し、「検索値」と完全に一致する値を検索しています。

=VLOOKUP($A3,$A$7:$C$13,2,0)
　　　　　検索値　範囲　　　　列番号 検索方法

セル B3 の点数を別表のセル範囲 A11:E15 の左端列で検索し、一致する行の 5 列目から「評価」を取り出しています。「検索方法」に「1」(TRUE)を指定し、「検索値」が見つからない場合に近似値(検索値未満で最も大きい値)を検索しています。「検索方法」を「1」(TRUE)にする場合は、範囲の左端の列を基準にして表を昇順に並べておきます。

=VLOOKUP(B3,$A$11:$E$15,5,1)
　　　　 検索値　範囲　　　　列番号 検索方法

» FIND関数

FIND関数は、検索したい文字列が、対象となる文字列の何文字目にあるかを求める関数です。文字列を取り出すLEFT関数（P.260参照）、RIGHT関数（P.262参照）、MID関数（P.260参照）などと組み合わせることで、特定の文字列を取り出すことができます。

書式 =FIND(検索文字列,対象[,開始位置])

説明 「検索文字列」が「対象」に指定した文字列内の何文字目にあるかを検索します。「開始位置」には、検索を開始する文字位置を指定します。省略した場合は「対象」の先頭から検索します。大文字と小文字は区別されますが、全角と半角は区別されません。

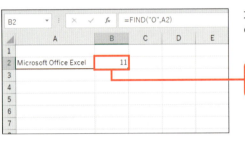

大文字の「O」が何文字目にあるかを求めています。

=FIND("O",A2)
　検索文字列　対象

小文字の「o」が何文字目にあるかを求めています。

=FIND("o",A2)
　検索文字列　対象

FIND関数で「区」がセルD3の「住所」データの何文字目にあるかを調べ、LEFT関数で住所から都区名を取り出して表示しています。

=LEFT(D3,FIND("区",D3))
　　　　　　検索文字列　対象

第 2 章

データを集計・分析する 組み合わせ技

SECTION 009 日付の年や月を条件にして集計する

対応バージョン 2016 / 2013 / 2010 / 2007

YEAR / SUMPRODUCT

日別データの年や月を条件にして集計するには、年が条件の場合はYEAR関数を使用して日付から年を、月が条件の場合はMONTH関数を使用して月を取り出します。取り出した年や月をSUMPRODUCT関数の条件に指定して集計を行います。

日付から年を条件にして集計する

書式 =YEAR(シリアル値)

説明 「シリアル値」に対応する年を1900～9999の範囲の整数で取り出します。

書式 =SUMPRODUCT(配列1[,配列2,…])

説明 範囲または配列の対応する要素どうしを掛け合わせ、その結果を合計します。

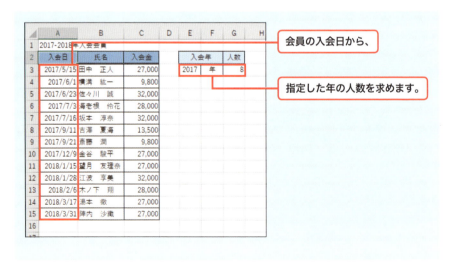

会員の入会日から、
指定した年の人数を求めます。

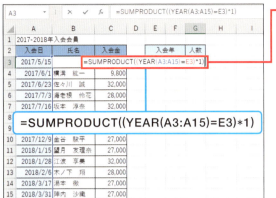

❶ 2017年入会の人数を求めるセルG3に「=SUMPRODUCT((YEAR(A3:A15)=E3)*1)」と入力します。

MEMO 年の人数を集計する

手順❶では、入会日のセル範囲から年を取り出し、セルE3の年に等しいかどうかを判定します。判定結果は論理値になるので、1を掛けて数値化し、SUMPRODUCT関数で集計します。

❷ 2017年入会の人数が求められます。
❸ 年を変更すると、その年の人数が求められます。

COLUMN

日付から月を条件にして集計する

日別データの月を条件にして集計するには、MONTH関数を使用して月を取り出し、取り出した月をSUMPRODUCT関数の条件に指定して集計を行います。MONTH関数は、「シリアル値」に対応する月を1～12の範囲の整数で取り出す関数です（P.62参照）。

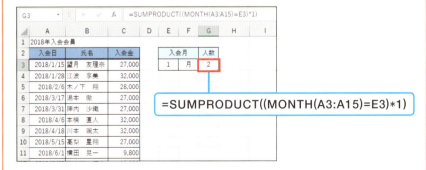

057

SECTION 010 指定した曜日のデータを集計する

対応バージョン: 2016 / 2013 / 2010 / 2007

WEEKDAY / SUMIF

日別に集計したデータから特定の曜日のデータを集計するには、WEEKDAY関数とSUMIF関数を組み合わせます。WEEKDAY関数を使用して日付から曜日番号を求め、この数字をSUMIF関数の条件に指定して集計を行います。

日別データから特定の曜日のデータを集計する

書式 =WEEKDAY(シリアル値[,種類])

説明 「シリアル値」に対応する曜日を1から7までの整数で求めます。「種類」には戻り値の種類を「1」～「3」の数値で指定します。省略した場合は「1」になります。

種類	戻り値
1 または省略	1（日曜）～7（土曜）
2	1（月曜）～7（日曜）
3	0（月曜）～6（日曜）

書式 =SUMIF(範囲,検索条件[,合計範囲])

説明 「範囲」内で「検索条件」に一致するデータを検索し、検索結果に対応する「合計範囲」の数値を合計します。「合計範囲」を省略した場合は、指定した「範囲」で条件を満たすセルが合計されます（P.47参照）。

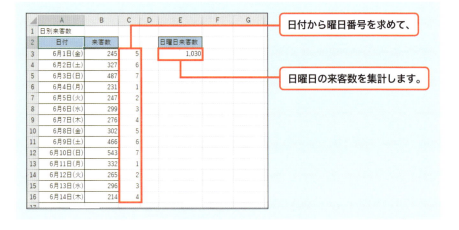

日付から曜日番号を求めて、
日曜日の来客数を集計します。

058

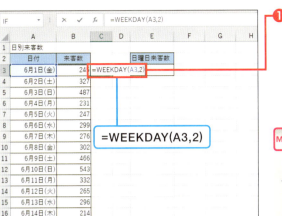

❶ 曜日番号を求めるセル C3 に「=WEEKDAY(A3,2)」と入力します。

MEMO 曜日番号を求める

「=WEEKDAY(A3,2)」は、セルA3に入力した日付の曜日番号を求めています。「種類」には「2」を指定し、月〜日の曜日を1〜7の数字で求めます。

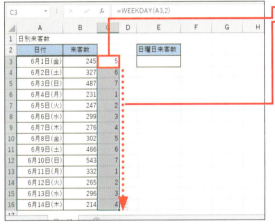

❷ 曜日番号が求められます。
❸ 数式をほかのセルにコピーします。

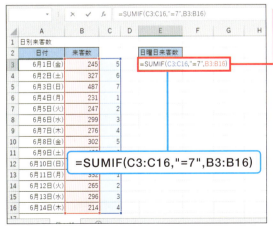

❹ 日曜日の来客数を求めるセル E3 に「=SUMIF(C3:C16,"=7", B3:B16)」と入力すると、日曜日の来客数が求められます。

MEMO 日曜日の来客数を求める

手順❹では、曜日番号のセル範囲C3:C16の中で、「7」(日曜日)に一致するデータを検索し、対応する番号のセル範囲B3:B16にある来客数を集計しています。

059

SECTION

011

データの集計・分析

対応バージョン 2016 / 2013 / 2010 / 2007

WEEKNUM
SUMIF

1週間単位で集計する

日別データを1週間単位で集計するには、WEEKNUM関数とSUMIF関数を組み合わせます。WEEKNUM関数を使用して、日付が月の第何週目かを数値で求め、求めた数値をSUMIF関数の条件に指定して、1週間単位のデータを集計します。

》 週ごとの販売数を合計する

書式 **=WEEKNUM(シリアル値[,週の基準])**

説明 「シリアル値」に指定した日付がその年の第何週目かを数値で求めます。「週の基準」には、週の始まりを何曜日にするかを、日曜は「1」または省略、月曜は「2」で指定します。

書式 **=SUMIF(範囲,検索条件[,合計範囲])**

説明 「範囲」内で「検索条件」に一致するデータを検索し、対応する「合計範囲」の数値を合計します。「合計範囲」を省略した場合は、指定した「範囲」で条件を満たすセルが合計されます(P.47参照)。

	A	B	C	D	E	F	G	H
1	商品販売数							
2	販売日	販売数	週数			週別販売数		
3	2018/6/1(金)	121	1		1	週目	381	
4	2018/6/2(土)	133	1		2	週目	1,278	
5	2018/6/3(日)	127	1		3	週目	1,600	
6	2018/6/4(月)	118	2		4	週目	1,362	
7	2018/6/5(火)	210	2		5	週目	1,420	
8	2018/6/6(水)	178	2					
9	2018/6/7(木)	287	2					
10	2018/6/8(金)	221	2					
11	2018/6/9(土)	129	2					
12	2018/6/10(日)	135	2					
13	2018/6/11(月)	156	3					
14	2018/6/12(火)	198	3					
15	2018/6/13(水)	222	3					
16	2018/6/14(木)	248	3					
17	2018/6/15(金)	245						

日付が月の第何週目かを数値で求めて、

週ごとの販売数を集計します。

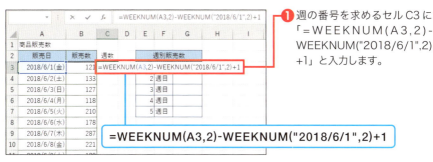

❶ 週の番号を求めるセルC3に「=WEEKNUM(A3,2)-WEEKNUM("2018/6/1",2)+1」と入力します。

❷ 週の番号が求められます。
❸ 数式をほかのセルにコピーします。

MEMO 週番号を求める

手順❶では、セルA3に入力した日付の週番号を求め、その週番号から6月の第1週の週番号を引いて「1」を加え、週番号が「1」から始まるようにしています。

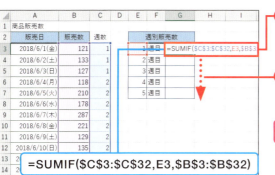

❹ 1週目の販売数を合計するセルG3に「=SUMIF($C$3:$C$32,E3,$B$3:$B$32)」と入力します。
❺ 入力した数式をコピーすると、ほかの週の販売数が求められます。

MEMO 1週目のデータを集計する

手順❹では、セル範囲C3:C32をE列の週数で検索して、一致する週数のセル範囲B3:B32の販売数を集計しています。

COLUMN

週番号を求める数式

ここでは、週番号を6月の中で1から求めるために「=WEEKNUM(A3,2)-WEEKNUM("2018/6/1",2)+1」と入力していますが、「=WEEKNUM(A3,2)-21」と入力しても同様に求めることができます。「21」は、「2018/6/1」の週番号「22」から「1」を引いたものです。

対応バージョン 2016 2013 2010 2007

SECTION
012
データの集計・分析

MONTH
SUMIF

月単位や年単位で集計する

日付データを月単位や年単位で集計するには、月単位の場合はMONTH関数を使用して日付データから月を、年単位の場合はYEAR関数を使用して年を取り出します。取り出した月や年をSUMIF関数の条件に指定して集計を行います。

≫ 月ごとの来客数を合計する

書式 **=MONTH(シリアル値)**

説明 「シリアル値」に対応する月を1～12の範囲の整数で取り出します。

書式 **=SUMIF(範囲,検索条件[,合計範囲])**

説明 「範囲」内で「検索条件」に一致するデータを検索し、検索結果に対応する「合計範囲」の数値を合計します。「合計範囲」を省略した場合は、指定した「範囲」で条件を満たすセルが合計されます(P.47参照)。

	A	B	C	D	E	F	G
1	来客数						
2	日付	来客数			月別来客数		
3	2018/6/1	121	6		6	709	
4	2018/6/8	133	6		7	815	
5	2018/6/15	127	6		8	711	
6	2018/6/22	118	6				
7	2018/6/29	210	6				
8	2018/7/6	178	7				
9	2018/7/13	287	7				
10	2018/7/20	221	7				
11	2018/7/27	221	7				
12	2018/8/3	135	8				
13	2018/8/10	156	8				
14	2018/8/17	198	8				
15	2018/8/24	222	8				
16							

日付データから月を取り出し、

月ごとの来客数を集計します。

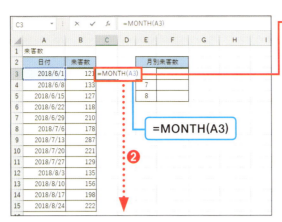

❶ 月を取り出すセルC3に「=MONTH(A3)」と入力します。
❷ 入力した数式をほかのセルにコピーします。

MEMO 月を取り出す

「=MONTH(A3)」は、セルA3に入力した日付から月を取り出しています。

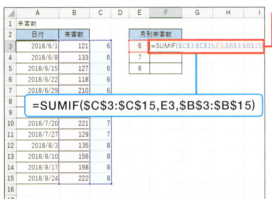

❸ 月ごとの来客数を求めるセルF3に「=SUMIF($C$3:$C$15, E3,$B$3:$B$15)」と入力します。
❹ 入力した数式をコピーすると、ほかの月の来客数も求められます。

MEMO 月の来客数を集計する

手順❸では、セル範囲C3:C15をE列の月数で検索して、一致する月のセル範囲B3:B15の来客数を集計しています。

📄 COLUMN

年ごとの来客数を合計する

日付データを年単位で集計するには、YEAR関数（P.56参照）を使用して年を取り出し、取り出した年をSUMIF関数の条件に指定して集計を行います。

063

SECTION 013 偶数日／奇数日でデータを集計する

データの集計・分析

対応バージョン 2016 2013 2010 2007

DAY
ISODD
SUMIF

日付データを奇数日、偶数日ごとに集計するには、日付からDAY関数で日だけを取り出し、ISODD関数で偶数か奇数かを求めます。取り出した日が奇数のときはTRUE、偶数のときはFALSEを返すので、その結果をSUMIF関数の条件に指定して集計を行います。

≫ 偶数日、奇数日ごとにデータを集計する

書式 =DAY(シリアル値)

説明 「シリアル値」に対応する日を1〜31までの整数で取り出します。

書式 =ISODD(数値)

説明 数値が奇数か偶数かを判定し、奇数の場合はTRUE、偶数の場合はFALSEを返します。

書式 =SUMIF(範囲,検索条件[,合計範囲])

説明 P.47を参照してください。

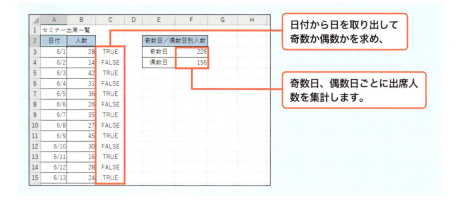

日付から日を取り出して奇数か偶数かを求め、

奇数日、偶数日ごとに出席人数を集計します。

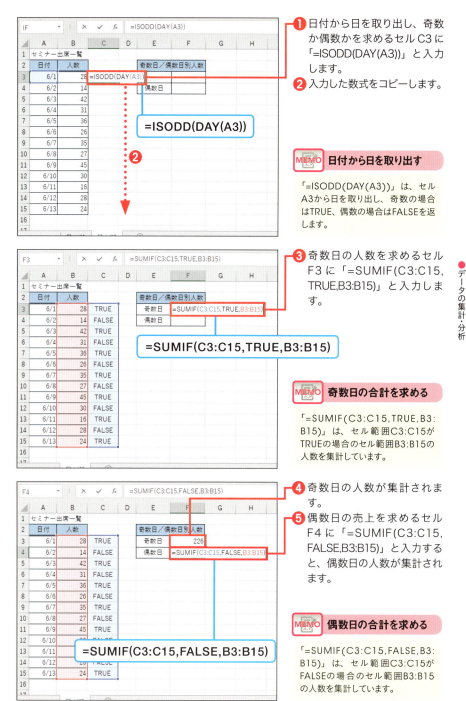

SECTION 014 指定した締め日を基準に集計する

データの集計・分析

対応バージョン 2016 / 2013 / 2010 / 2007

EDATE
MONTH
SUMIF

日付データを指定した締め日で集計するには、EDATE関数を使用して指定の月数後、月数前の日付を求め、その日付をもとにMONTH関数で月を取り出します。取り出した月をSUMIF関数の条件に指定して集計を行います。

》 日付データを15日締めで集計する

書式 =EDATE(開始日,月)

説明 開始日から起算して、指定した月数後、あるいは月数前の日付に対応するシリアル値を求めます。

書式 =MONTH(シリアル値)

説明 「シリアル値」に対応する月を1〜12の範囲の整数で取り出します。

書式 =SUMIF(範囲,検索条件[,合計範囲])

説明 「範囲」内で「検索条件」に一致するデータを検索し、対応する「合計範囲」の数値を合計します。「合計範囲」を省略した場合は、指定した「範囲」で条件を満たすセルが合計されます(P.47参照)。

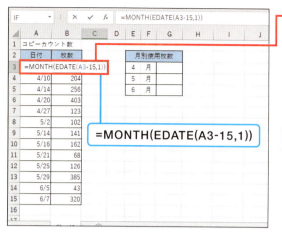

❶ 指定した締め日（ここでは15日締め）で月を取り出すセルC3に「=MONTH(EDATE(A3-15,1))」と入力します。

MEMO 締め日で月を取り出す

手順❶では、セルA3の日付が15日までなら前月の日付の1か月後、15日より後なら当月から1か月後の日付を求め、MONTH関数で月を取り出しています。

❷ 数式をコピーすると、それぞれの日付の15日締めの月が求められます。
❸ 4月の使用枚数を求めるセルG3に「=SUMIF($C$3:$C$15,E3,$B$3:$B$15)」と入力します。

MEMO 4月の使用枚数を集計する

手順❸では、セル範囲C3:C15をE列の月で検索して、一致する月のセル範囲B3:B15の使用枚数を集計しています。

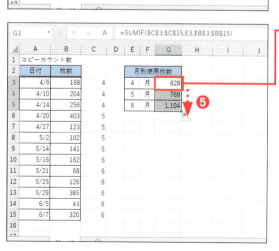

❹ 4月の使用枚数が集計されます。
❺ 数式をコピーすると、5月、6月の使用枚数が集計されます。

067

対応バージョン 2016 / 2013 / 2010 / 2007

SECTION
015
データの集計・分析

INDEX
SUM

指定した期間の合計を求める

開始日と終了日を指定し、指定した期間の合計を求めるには、INDEX関数を使用して、集計を開始する行（列）と終了する行（列）のセル参照を求めます。求められたセル参照を開始行と最終行に指定して、SUM関数で合計を求めます。

≫ 開始日と終了日を指定して合計する

書式 =INDEX(配列,行番号[,列番号])

説明 「行番号」と「列番号」が交差する位置にあるセル参照を求めます。「配列」が1行や1列の場合は、行番号や列番号を省略できます（P.50参照）。

書式 =SUM(数値1[,数値2,…])

説明 指定したセル範囲に含まれるすべての数値の合計を求めます。

	A	B	C	D	E	F	G	H
1	清涼飲料水販売数							
2	日付	販売数		開始日		終了日	販売数	
3	5月1日	1,123		1	～	5	13,314	
4	5月2日	2,145						
5	5月3日	2,345						
6	5月4日	4,010						
7	5月5日	3,691						
8	5月6日	3,012						
9	5月7日	1,980						
10	5月8日	932						
11	5月9日	4,003						
12	5月10日	3,952						
13	5月11日	2,170						
14	5月12日	2,397						
15	5月13日	879						
16	5月14日	2,101						

開始日と終了日を指定して、

指定した期間の販売数を求めます。

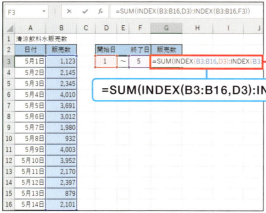

❶ 1日目〜5日目までの販売数を求めるセルG3に「=SUM(INDEX(B3:B16,D3):INDEX(B3:B16,F3))」と入力します。

MEMO 指定期間の合計を求める

手順❶では、セル範囲B3:B16の1行目と5行目にある販売数のセル参照を求め、そのセル参照を、集計するセル範囲の開始行と最終行に指定しています。

❷ 1日目〜5日目までの販売数が求められます。
❸ 開始日と終了日を変更すると、対応した販売数に変更されます。

COLUMN

開始日と日数を指定して合計する

ここでは、開始日と終了日を指定して集計しましたが、開始日と合計する日数を指定して集計することもできます。この場合は、OFFSET関数（P.82参照）を使います。OFFSET関数は、基準のセルから行数と列数をずらした位置のセルを参照する関数です。

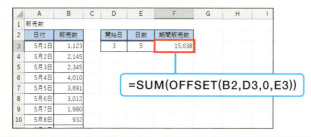

SECTION 016 指定した順位までの累計を求める

対応バージョン: 2016 / 2013 / 2010 / 2007

RANK.EQ
SUMIF

販売実績表などから指定した順位までの売上累計を求めるには、RANK.EQ関数を使用して数値の高い順（降順）に順位を求めます。求めた順位をSUMIF関数の条件に指定して、1位から指定した順位までの累計を求めます。

» 1位から指定した順位までの累計を求める

書式 =RANK.EQ(数値,参照[,順序])

説明 指定したセル範囲内の数値の順位を求めます。数値が同じ順位にある場合は、その中で最も高い順位で表示されます。「順序」に「0」を指定するか省略すると降順で、「1」を指定すると昇順で並べ替えられます。Excel 2007ではRANK関数を使います。

書式 =SUMIF(範囲,検索条件[,合計範囲])

説明 「範囲」内で「検索条件」に一致するデータを検索し、対応する「合計範囲」の数値を合計します。「合計範囲」を省略した場合は、指定した「範囲」で条件を満たすセルが合計されます（P.47参照）。

	A	B	C	D	E	F	G
1	販売実績						
2	支社	販売数	順位		順位		販売数累計
3	帯広	124,587	8		1	位	413,080
4	札幌	352,641	2		2	位まで	765,721
5	仙台	126,583	7		3	位まで	1,108,581
6	盛岡	342,860	3		4	位まで	1,402,898
7	金沢	294,317	4		5	位まで	1,687,630
8	甲府	183,274	6		6	位まで	
9	横浜	284,732	5		7	位まで	
10	名古屋	413,080	1		8	位まで	
11	合計	2,122,074					

1位から指定した順位までの売上を累計します。

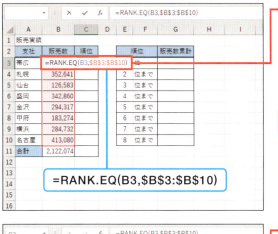

❶ 順位を求めるセル C3 に「=RANK.EQ(B3,$B$3:$B$10)」と入力します。

> **MEMO 販売数の順位を求める**
>
> 手順❶では、セル範囲B3:B10の中でセルB3の販売数の順位を求めています。販売数の多い順（降順）に順位を求めるため、引数の「順序」は省略しています。

❷ 数式をコピーすると、順位が求められます。

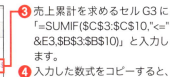

❸ 売上累計を求めるセル G3 に「=SUMIF($C$3:$C$10,"<="&E3,$B$3:$B$10)」と入力します。

❹ 入力した数式をコピーすると、指定した順位までの累計を任意に求めることができます。

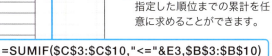

> **MEMO 「&」で条件を指定する**
>
> 手順❸では、「検索条件」にE列に入力してある順位を「"<="&E3」と指定し、これをコピーすることで、8位までの累計を任意に求めます。

SECTION 017 1行おきにデータを合計する

対応バージョン：2016 / 2013 / 2010 / 2007

ROW / MOD / IF / SUM

データの集計・分析

異なる種類のデータが交互に入力されている表から、1行おきのデータを対象に合計を求めるには、配列数式（P.34参照）を利用します。ROW関数で配列内の行番号を求めて、MOD関数で偶数行と奇数行を判断し、それぞれの行を合計します。

配列数式を利用して1行おきにデータを集計する

書式 =ROW([参照])

説明 指定したセルの行番号を求めます。「参照」には、行番号を調べるセルまたはセル範囲を指定します。省略すると、ROW関数を入力したセルの行番号が求められます（P.48参照）。

書式 =MOD(数値,除数)

説明 「数値」を「除数」で割ったときの余りを求めます。

書式 =IF(論理式[,真の場合][,偽の場合])

説明 条件によって処理を振り分けます。「論理式」には、結果がTRUE（真）またはFALSE（偽）になるような条件式を指定します。「真の場合」には条件式がTRUEの場合の処理を、「偽の場合」にはFALSEの場合の処理を指定します（P.42参照）。

書式 =SUM(数値1[,数値2,…])

説明 指定したセル範囲に含まれるすべての数値の合計を求めます。

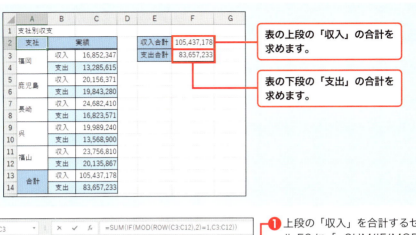

表の上段の「収入」の合計を求めます。

表の下段の「支出」の合計を求めます。

❶ 上段の「収入」を合計するセル F2 に「=SUM(IF(MOD(ROW(C3:C12),2)=1,C3:C12))」と入力して、
❷ Ctrl + Shift + Enter を押すと、

=SUM(IF(MOD(ROW(C3:C12),2)=1,C3:C12))

MEMO 奇数行を合計する

手順❶では、セル範囲C3：C12の行番号を求めて2で割り、余りが1になる行（奇数行）だけを合計しています。

❸ 上段のセルの合計が求められます。
❹ 下段の「支出」を合計するセル F3 に「=SUM(IF(MOD(ROW(C3:C12),2)=0,C3:C12))」と入力して、
❺ Ctrl + Shift + Enter を押すと、下段のセルの合計が求められます。

MEMO 偶数行を合計する

手順❹では、セル範囲C3：C12の行番号を求めて2で割り、余りが0になる行（偶数行）だけを合計しています。

=SUM(IF(MOD(ROW(C3:C12),2)=0,C3:C12))

SECTION 018
データの集計・分析

対応バージョン 2016 \ 2013 \ 2010 \ 2007

TRUNC
COUNTIF

世代別にデータを集計する

年齢のデータをもとに各年代別の人数を求めるには、TRUNC関数とCOUNTIF関数を組み合わせます。TRUNC関数を使用して年齢を10年ごとの年代に変換し、求めた年代をCOUNTIF関数の条件に指定して、各年代別のデータを集計します。

》 会員の年代別人数を求める

書式 =TRUNC(数値[,桁数])

説明 指定した「桁数」になるように「数値」を切り捨てます。「桁数」を省略すると、整数になるように小数点以下を切り捨てます。

桁数	切り捨ての位置
2	小数第3位で切り捨て
1	小数第2位で切り捨て
0または省略	小数第1位で切り捨て
-1	1の位で切り捨て
-2	10の位で切り捨て

書式 =COUNTIF(範囲,検索条件)

説明 指定した「範囲」の中から、「検索条件」に一致するセルの個数を数えます（P.46参照）。

	A	B	C	D	E	F	G	H
1	会員名簿							
2	会員番号	氏名	年齢	年代		年代	人数	
3	50001	田中　正人	51	50		20	3	
4	50002	横溝　紘一	68	60		30	3	
5	42001	佐々川　誠	42	40		40	3	
6	42003	海老根　伶花	26	20		50	2	
7	42004	坂本　淳奈	28	20		60	3	
8	42005	吉澤　夏海	39	30				
9	42105	斎藤　潤	64	60				
10	42335	金谷　駿平	31	30				
11	43115	望月　友理奈	27	20				
12	43128	江波　享美	48	40				
13	43137	木ノ下　翔	57	50				
14	43176	湯本　徹	65	60				
15	43190	陣内　沙織	41	40				
16	43196	本橋　直人	32	30				

会員の年代を求めて、

各年代別の人数を求めます。

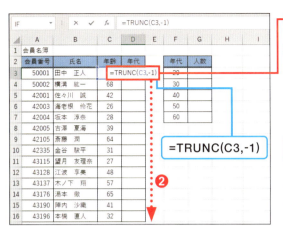

❶ 年代を求めるセル D3 に「=TRUNC(C3,-1)」と入力して、
❷ 入力した数式をほかのセルにコピーします。

10年ごとの年代を求める

「=TRUNC(C3,-1)」は、「桁数」に「-1」を指定して、年齢の1の位を切り捨て、10年ごとの年代を求めています。

❸ 20代の人数を求めるセル G3 に「=COUNTIF($D$3:$D$16,$F3)」と入力します。
❹ 入力した数式をコピーすると、ほかの年代の人数も求められます。

20年代の人数を求める

「=COUNTIF($D$3:$D$16,$F3)」は、セル範囲D3:D16を検索して、年代が「20」の人数を数えています。

COLUMN

LEFT関数で年代を求める

年齢がすべて2桁の場合は、LEFT関数を使用しても年代を求めることができます。LEFT関数（P.260参照）で年齢の先頭から1文字を取り出し、「10」を掛けて年代を求めます。LEFT関数は、指定された数の文字を先頭から取り出す関数です。

対応バージョン 2016 2013 2010 2007

SECTION
019
データの集計・分析

非表示の列を除いて集計する

CELL
SUMIF

SUM関数を使用して合計を求めた場合、列を非表示にしても集計結果は変更されません。列を非表示にしたときに、表示されている列のみ集計されるようにするには、CELL関数を使用してセルの幅を求め、列の幅「0」をSUMIF関数の条件に指定して集計します。

》 表示されている列のみ集計されるようにする

書式 =CELL(検査の種類[,参照])

説明 セルの書式、位置、内容に関する情報を求めます。「検査の種類」には情報を求めるセルの種類を指定する文字列値を、「参照」には調べるセルを指定します。

書式 =SUMIF(範囲,検索条件[,合計範囲])

説明 「範囲」内で「検索条件」に一致するデータを検索し、対応する「合計範囲」の数値を合計します。「合計範囲」を省略した場合は、指定した「範囲」で条件を満たすセルが合計されます(P.47参照)。

	A	B	C	D	E	F	G	H	I
1	売上数一覧								
2	店舗	渋谷店		青山店		表参道店		合計	
3	商品	商品A	商品B	商品A	商品B	商品A	商品B		
4	4月	7,534	5,762	3,589	5,822	6,842	4,583	34,132	
5	5月	6,812	3,941	4,899	8,741	3,586	6,833	34,812	
6	6月	10,264	8,953	9,714	10,852	11,254	9,821	60,858	
7		8	8	8	8	8	8		
8									

	A	C	E	G	H	I	J
1	売上数一覧						
2	店舗	渋谷店	青山店	表参道店	合計		
3	商品	商品B	商品B	商品B			
4	4月	5,762	5,822	4,583	16,167		
5	5月	3,941	8,741	6,833	19,515		
6	6月	8,953	10,852	9,821	29,626		
7		8	8	8			
8							

「商品A」列を非表示にして再計算すると、「商品B」列の売上だけが集計されます。

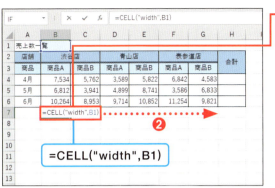

❶ 表の下のセル B7 に「=CELL("width",B1)」と入力します。
❷ 入力した数式をほかのセルにコピーします。

MEMO　整数のセル幅を求める

「=CELL("width",B1)」は、「検査の種類」に「"width"」を指定して、小数点以下を切り捨てた整数のセル幅（既定のフォントで何文字入るか）を求めています。

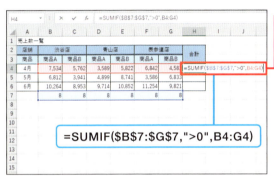

❸ 合計を求めるセル H4 に「=SUMIF($B$7:$G$7,">0",B4:G4)」と入力します。

❹ 4 月の合計が計算されます。
❺ 数式をほかのセルにコピーします。

MEMO　非表示以外の合計を求める

列を非表示にすると、非表示にした列には「0」が求められるので、「検索条件」を「">0"」にすることで、非表示列以外の合計を求めます。

❻ 「商品 A」列を非表示にして、F9 を押すと再計算され、「商品 B」列の売上だけが集計されます。

MEMO　列を再表示する場合

列を再表示してもとの合計に戻す場合は、列を再表示したあと、F9を押して再計算します。

077

| SECTION | 対応バージョン | 2016 | 2013 | 2010 | 2007 |

SECTION 020

データの集計・分析

COLUMN
SUMIF

2列ごとに集計する

店舗ごとに商品A、商品Bの売上が横長に並ぶような表で、各店舗ごとの売上合計を求める場合、オートフィルを利用した数式のコピーでは求められません。この場合は、連続番号を利用することで2列ごとに集計することができます。

≫ 連続番号を利用して2列ごとの合計を求める

書式 =COLUMN([参照])

説明 指定したセル範囲の列番号を求めます。「参照」を省略すると、COLUMN関数が入力されているセルの列番号が求められます（P.49参照）。

書式 =SUMIF(範囲,検索条件[,合計範囲])

説明 「範囲」内で「検索条件」に一致するデータを検索し、対応する「合計範囲」の数値を合計します。「合計範囲」を省略した場合は、指定した「範囲」で条件を満たすセルが合計されます（P.47参照）。

B10 fx =SUMIF($B$7:$G$7,COLUMN(A1),$B4:$G4)

	A	B	C	D	E	F	G
1	売上数一覧						
2	店舗	渋谷店		青山店		表参道店	
3	商品	商品A	商品B	商品A	商品B	商品A	商品B
4	4月	7,534	5,762	3,589	5,822	6,842	4,583
5	5月	6,812	3,941	4,899	8,741	3,586	6,833
6	6月	10,264	8,953	9,714	10,852	11,254	9,821
7		1	1	2	2	3	3
8							
9	店舗	渋谷店	青山店	表参道店			
10	4月	13,296	9,411	11,425			
11	5月	10,753	13,640	10,419			
12	6月	19,217	20,566	21,075			
13							
14							
15							
16							

各店舗の「商品A」と「商品B」を集計して、

店舗ごとの売上合計を求めます。

❶ 2列ごとに集計するために、連続番号を2つずつ入力します。

MEMO　連続番号の入力

3列ごとに集計する場合は、連続番号を3つずつ入力します。

❷ 売上を合計するセルB10に「=SUMIF($B$7:$G$7,COLUMN(A1),$B4:$G4)」と入力します。

`=SUMIF($B$7:$G$7,COLUMN(A1),$B4:$G4)`

MEMO　番号1の売上を集計する

手順❷では、「検索条件」を「COLUMN(A1)」とすることで、セル範囲B7:G7にある番号「1」に一致するセル範囲B4:G4の売上数の合計を求めます。

❸ セルB10の数式をほかのセルにコピーすると、2列ごとの売上の合計が求められます。

MEMO　2と3の売上を集計する

数式をコピーすることで、「COLUMN(B1)」「COLUMN(C1)」の数式が作成され、セル範囲B7:G7にある番号「2」「3」に一致するセル範囲B4:G4の売上数の合計を求めます。

SECTION 021 四捨五入してから集計する

対応バージョン： 2016 / 2013 / 2010 / 2007

ROUND
AVERAGE

小数点以下の数値を表示形式を利用して整数に変更した場合、表示される数値は変わりますが、数値自体は変わりません。そのため、集計結果に誤差が発生します。表示されている数値で集計を行いたい場合は、ROUND関数を使用します。

▶ それぞれの数値を四捨五入してから集計する

 書式　**=ROUND(数値,桁数)**

説明　指定した「桁数」になるように「数値」を四捨五入します。「桁数」にはどの位を四捨五入するかを指定します。桁数が正の数で小数点以下、0で小数点位置、負の数で整数部分でそれぞれ四捨五入されます。

桁数	四捨五入の位置
2	小数第3位を四捨五入
1	小数第2位を四捨五入
0	小数第1位を四捨五入
-1	1の位を四捨五入
-2	10の位を四捨五入

 書式　**=AVERAGE(数値1[,数値2,…])**

説明　指定した数値やセル範囲に含まれる数値を平均します。セル範囲内の「0」は計算対象となりますが、文字や空白は無視されます。

表示形式を利用して整数にすると四捨五入されますが、実際の数値は変わりません。

平均値を求めると、セルに入力されている実際の数値をもとに計算されます。

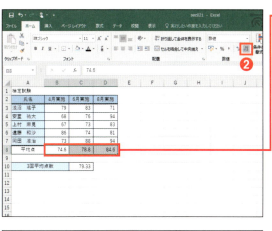

❶ 数値を四捨五入するセル範囲を選択して、
❷ <ホーム>タブの<小数点以下の表示桁数を減らす>をクリックします。

❸ 表示される数値は四捨五入されますが、実際の数値は変わりません。
❹ 計算した平均点も変更されません。

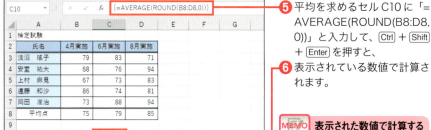

❺ 平均を求めるセルC10に「=AVERAGE(ROUND(B8:D8,0))」と入力して、Ctrl + Shift + Enter を押すと、
❻ 表示されている数値で計算されます。

> **MEMO 表示された数値で計算する**
>
> 「=AVERAGE(ROUND(B8:D8,0))」は、セル範囲B8:D8のそれぞれの平均点を四捨五入して整数にしたあとで、平均点数を計算します。

081

| 対応バージョン | 2016 | 2013 | 2010 | 2007 |

SECTION 022

データの集計・分析

指定した期間の移動平均を求める

OFFSET
AVERAGE

移動平均は、一定期間のデータの平均を連続的に求める手法です。売上などが月ごとに上下して傾向がつかみにくいとき、データを平滑化することで傾向を読み取りやすくします。移動平均を求めるには、OFFSET関数とAVERAGE関数を組み合わせます。

≫ 月別売上高をもとに移動平均を求める

書式 =OFFSET(参照,行数,列数[,高さ][,幅])

説明 基準のセルから指定した位置にあるセルを参照します。「参照」には基準となるセルを、「行数」「列数」には基準の位置から移動する数を指定します。「高さ」には行数を、「幅」には列数を指定します。

書式 =AVERAGE(数値1[,数値2,…])

説明 指定した数値やセル範囲に含まれる数値を平均します。セル範囲内の「0」は計算対象となりますが、文字や空白は無視されます。

A2	▼	:	×	✓	fx	月		
▲	A	B	C	D	E	F	
1		平均期間	4				
2	月	売上高	移動平均				
3	1月	2,345	2,458				
4	2月	1,812	2,694				
5	3月	2,741	2,958				
6	4月	2,935	2,770				
7	5月	3,289	2,946				
8	6月	2,867	2,620				
9	7月	1,988	2,511				
10	8月	3,641	2,751				
11	9月	1,983	2,618				
12	10月	2,431	2,829				
13	11月	2,947	3,029				
14	12月	3,110	3,110				
15							
16							

指定した期間の、

移動平均を求めます。

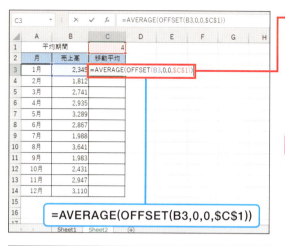

❶ 移動平均を求めるセルC3に「=AVERAGE(OFFSET(B3,0, 0,$C$1))」と入力します。ここでは、4か月の移動平均を求めます。

MEMO セル範囲を求める

「「OFFSET(B3,0,0,$C$1)」は、「行数」と「列数」に「0」を指定することで、セルB3をセル範囲の始点とし、セルC1を「高さ」に指定したセル範囲を参照します。

❷ 数式をそのほかのセルにコピーすると、4か月の移動平均が求められます。

MEMO 平均を求める

AVERAGE関数で、OFFSET関数で求めたセル範囲の平均を求めています。

❸ グラフを作成すると、より傾向が読み取りやすくなります。

MEMO グラフを作成する

セル範囲A2:C14を選択して、<挿入>タブの<折れ線／面グラフの挿入>をクリックし、<マーカー付き折れ線>をクリックします。

SECTION 023 外れ値を除く平均を求める

対応バージョン: 2016 / 2013 / 2010 / 2007

IF
AVERAGE

データの集計・分析

極端に多い値、あるいは極端に少ない値が含まれたデータから平均値を求めると、偏った値になってしまいます。この場合はIF関数を使用して、外れ値を除いた作業用の表を作成し、その表を利用して平均値を求めます。

≫ 極端に多い売り上げを除いた平均値を求める

書式 =IF(論理式[,真の場合][,偽の場合])

説明 条件によって処理を振り分けます。「論理式」には、結果がTRUE(真)またはFALSE(偽)になるような条件式を指定します。「真の場合」には条件式がTRUEの場合の処理を、「偽の場合」にはFALSEの場合の処理を指定します(P.42参照)。

書式 =AVERAGE(数値1[,数値2,…])

説明 指定した数値やセル範囲に含まれる数値を平均します。セル範囲内の「0」は計算対象となりますが、文字や空白は無視されます。

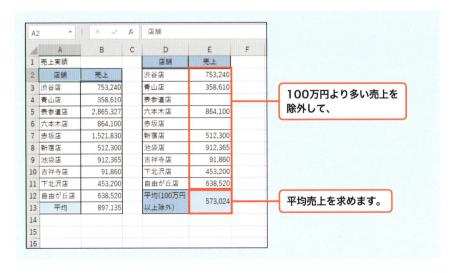

100万円より多い売上を除外して、

平均売上を求めます。

❶ 作業用の表を作成して、
❷ 売上が100万円以下かどうかを判定するセルE2に「=IF(B3<=1000000,B3,"")」と入力します。

100万円以上を除外する

手順❷では、セルB3が100万円以下のときは売上を表示し、以上のときは何も表示しないように「""」（長さ0の文字列）を指定しています。

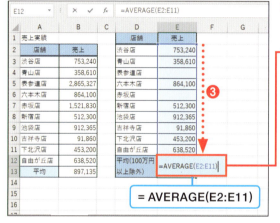

❸ 数式をほかのセルにコピーすると、100万円より多いデータが除外されます。
❹ 平均値を求めるセルE12に「=AVERAGE(E2:E11)」と入力すると、100万円より多い売上を除く平均値が求められます。

COLUMN

配列数式を利用する

ここでは、わかりやすいように作業用の表を作成しましたが、配列数式を利用すると、作業用の表を作成せずに、100万円より多いデータを除く売り上げの平均を求めることができます。

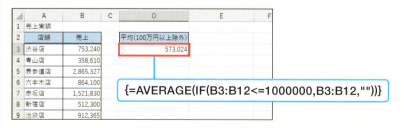

SECTION

024

データの集計・分析

対応バージョン　2016／2013／2010／2007

COUNT
TRIMMEAN

最大値と最小値を除く平均を求める

データの中に極端に多いあるいは少ない値があると、平均値が偏った値になってしまいます。極端な値をあらかじめ除いた状態で計算するTRIMMEAN関数を使用すると、上限と下限から一定の割合のデータを除いた平均値（中間項平均）を求めることができます。

》 最大値と最小値を除いた平均売上を求める

書式 =COUNT(値1[,値2,…])

説明 「値」で指定したセル範囲内の数値が含まれるセルの個数を数えます。

書式 =TRIMMEAN(配列,割合)

説明 データ全体の上限と下限から一定の割合のデータを除外して、残りの項の平均値を求めます。

	A	B	C	D	E	F
1	売上実績					
2	店舗	売上		平均値	873,835	
3	渋谷店	653,240		中間項平均値	598,021	
4	青山店	548,610				
5	新宿店	3,865,327				
6	六本木店	854,100				
7	赤坂店	361,830				
8	恵比寿店	612,300				
9	品川店	412,365				
10	吉祥寺店	88,860				
11	下北沢店	553,200				
12	自由が丘店	788,520				
13	合計	8,738,352				
14						
15						
16						

A2　店舗

高すぎる売上と低すぎる売上を除外して、

平均値を求めます。

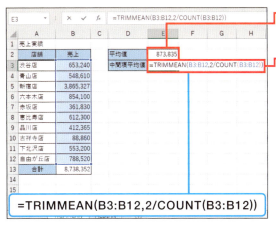

❶ AVERAGE関数を利用して平均値を求めると、偏った値になります。

❷ 中間項平均を求めるセルE3に「=TRIMMEAN(B3:B12, 2/COUNT(B3:B12))」と入力します。

MEMO 除外する値の割合を求める

「2/COUNT(B3:B12)」は、売上の高すぎる店舗と低すぎる店舗の2店舗の「割合」を求めるため、店舗数の2を全店舗数(10)で割っています。

❸ 上限と下限から一定の割合のデータを除いた中間項平均値が求められます。

COLUMN

MEDIAN関数を利用する

ここでは、TRIMMEAN関数を使用しましたが、MEDIAN関数を使用する方法もあります。MEDIAN関数は、数値の中央値を求める関数で、データ内に極端な数値があっても影響されることなく、代表的な数値を求めることができます。

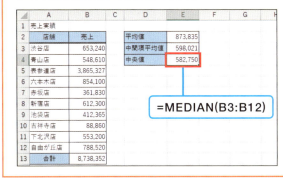

SECTION 025 データの集計・分析

対応バージョン 2016 / 2013 / 2010 / 2007

データの上限・下限を設定する

費用の精算や消耗品の注文表などで、精算できる金額や注文できる数値の上限と下限を設定したいときは、MAX関数とMIN関数を組み合わせます。MAX関数は数値の最大数を求める関数、MINは数値の最小値を求める関数です。

入力できる数値の範囲を設定する

書式 =MIN(数値1[,数値2,…])

説明 数値の最小値を求めます。

書式 =MAX(数値1[,数値2,…])

説明 数値の最大値を求めます。

	A	B	C
1	食事代精算	上限1000/下限500	
2	氏名	請求額	精算額
3	井上 洋祐	1,245	1,000
4	内村 康平	1,150	1,000
5	榎本 穣	950	950
6	北村 政美	880	880
7	栗田 一平	450	500
8	小森 潤太郎	1,080	1,000
9	清宮 楓太	500	500
10	外園 雅人	1,200	1,000

上限を1000円、下限を500円として、それより多い、あるいは少ない数値が入力された場合は、自動的に置き換わるように設定します。

❶ 精算額を入力するセル C3 に「=MAX(MIN(B3,1000),500)」と入力します。

MEMO 上限と下限を求める

手順❶では、請求額と「1000」を比較して小さいほうの数値を求め、求められた数値と「500」を比較して、大きいほうの数値を求めています。

❷ 入力した数式をほかのセルにコピーすると、
❸ 「1000」より大きい数値、あるいは「500」より小さい数値が入力された場合は、自動的に置き換えられます。

COLUMN

「=MIN(MAX(B3,500),1000)」でも結果は同じ

ここでは、「=MAX(MIN(B3,1000),500)」と入力しましたが、逆に「=MIN(MAX(B3,500),1000)」と入力しても結果は同じです。請求額と「500」を比較して大きいほうの数値を求め、求められた数値と「1000」を比較して、小さいほうの数値が精算額として求められます。

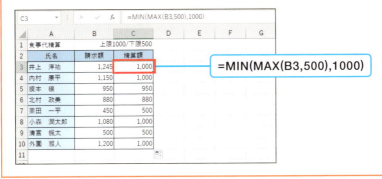

SECTION 026 アンケートを評価別に集計する

データの集計・分析

対応バージョン：2016 / 2013 / 2010 / 2007

COUNTIF / SUM

アンケート結果の回答を評価別に集計するには、COUNTIF関数で回答のセルを評価別に検索し、条件に一致するセルの個数を求め、求めた個数をSUM関数で合計します。下表のように複数回答可のアンケートの場合は、検索条件に「*」を利用します。

≫ 複数回答可のアンケート結果を集計する

書式 =COUNTIF(範囲,検索条件)

説明 指定した「範囲」の中から、「検索条件」に一致するセルの個数を数えます（P.46参照）。

書式 =SUM(数値1[,数値2,…])

説明 指定したセル範囲に含まれるすべての数値の合計を求めます。

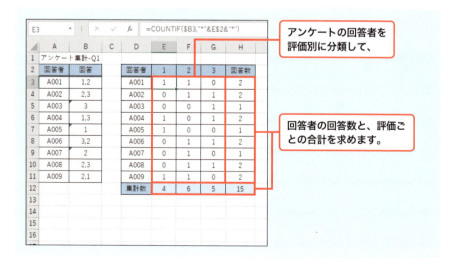

アンケートの回答者を評価別に分類して、

回答者の回答数と、評価ごとの合計を求めます。

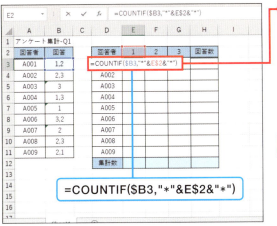

❶ アンケート結果を分類するセル E3 に「=COUNTIF($B3,"*"&E$2&"*")」と入力します。

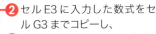

「*」を利用する

「$B3,"*"&E$2&"*"」は、セルB3が「"*1*"」(1を含む)かどうかを検索しています。「*」は、0文字以上の任意の文字列を表す文字です。

❷ セル E3 に入力した数式をセル G3 までコピーし、
❸ さらにセル G11 までコピーします。

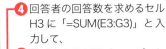

評価の個数を数える

「=COUNTIF($B3,"*"&E$2&"*")」は、セルB3の「1」の数を数えています。

❹ 回答者の回答数を求めるセル H3 に「=SUM(E3:G3)」と入力して、
❺ 数式をセル H11 までコピーします。
❻ 評価別の集計数を求めるセル E12 に「=SUM(E3:E11)」と入力して、数式をセル H12 までコピーします。

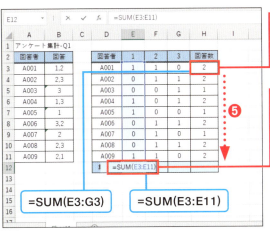

SECTION 027 データに含まれるエラーの数を数える

データの集計・分析

対応バージョン: 2016 / 2013 / 2010 / 2007

ISERROR / SUMPRODUCT

数値を計算したとき、セルに文字列が入力されていたり、未入力のセルがあった場合は、エラー値が表示されます。計算結果にエラー値が発生しているかどうかを数えるには、ISERROR関数とSUMPRODUCT関数を組み合わせます。

計算結果に発生しているエラーの数を求める

書式 =ISERROR(テストの対象)

説明 「テストの対象」で指定したセルの値や数式の結果がエラー値の場合はTRUEを、エラー値でない場合はFALSEを返します。

書式 =SUMPRODUCT(配列1[,配列2,…])

説明 範囲または配列の対応する要素どうしを掛け合わせ、その結果を合計します。

売上を売上合計で割って売上構成を求めています。

計算結果に発生しているエラーの件数を求めます。

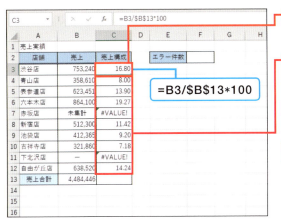

❶ 売上構成を求めるセルC3に「=B3/$B$13*100」と入力します。

❷ 数式をコピーすると、セルに文字列が入力されていたり、未入力のセルがあった場合は、エラー値が表示されます。

 売上構成を求める

「B3/$B$13*100」は、各店舗の売上を売上合計で割って、売上構成を求めています。

❸ エラー件数を求めたいセルF2に「=SUMPRODUCT(ISERROR(C3:C12)*1)」と入力すると、エラーの件数が求められます。

エラーの件数を求める

手順❸では、配列「C3:C12」の各要素をISERROR関数で判定します。判定結果は論理値になるので、1を掛けて数値化し、1になった要素を合計します。

COLUMN

エラー値

エラー値とは、数式や関数を入力した結果、セルに正しい計算結果が求められない場合に発生する値のことです。関数の書式を間違えたり、引数の指定が不適切だったりすると、エラー値が発生します。エラー値には、以下の7種類があります。

エラー値	意味
#VALUE!	数式の参照先や引数の型などが間違っている
#N/A	検索した値が検索範囲内に存在しない
#REF!	参照しているセルがない
#DIV/0!	0または空白のセルで割り算をしている
#NAME?	関数名や数式内の文字が間違っている
#NULL!	参照するセル範囲が間違っている
#NUM!	引数として指定できる数値の範囲を超えている

093

| 対応バージョン | 2016 | 2013 | 2010 | 2007 |

SECTION
028
データの集計・分析

最頻値とその出現回数を求める

MODE.SNGL
COUNTIF
IF

アンケートの集計結果や試験の得点データなどから、最も多かった評価や得点を求めるには、最頻値を求めるMODE.SNGL関数を使用します。最頻値の出現回数は、COUNTIF関数の検索条件に最頻値を指定して求めます。

》 アンケート結果から最頻値とその人数を求める

書式 =MODE.SNGL(数値1[,数値2,…])

説明 指定したデータの中で、最も多く出現する値(最頻値)を求めます。最頻値が複数あるときは最初の値が求められます。Excel 2007ではMODE関数を使います。

書式 =COUNTIF(範囲,検索条件)

説明 P.46を参照してください。

書式 =IF(論理式[,真の場合][,偽の場合])

説明 条件によって処理を振り分けます。「論理式」には、結果がTRUE(真)またはFALSE(偽)になるような条件式を指定します。「真の場合」には条件式がTRUEの場合の処理を、「偽の場合」にはFALSEの場合の処理を指定します(P.42参照)。

	A	B	C	D	E	F	G
1	アンケート集計		5点評価				
2	回答者	価格	味		最頻値	人数	
3	A001	3	3		3	10	
4	A002	2	3		4	6	
5	A003	3	4				
6	A004	4	5				
7	A005	3	5				
8	A006	5	3				
9	A007	2	3				

アンケート結果から、最も多かった評価とその人数を求めます。

094

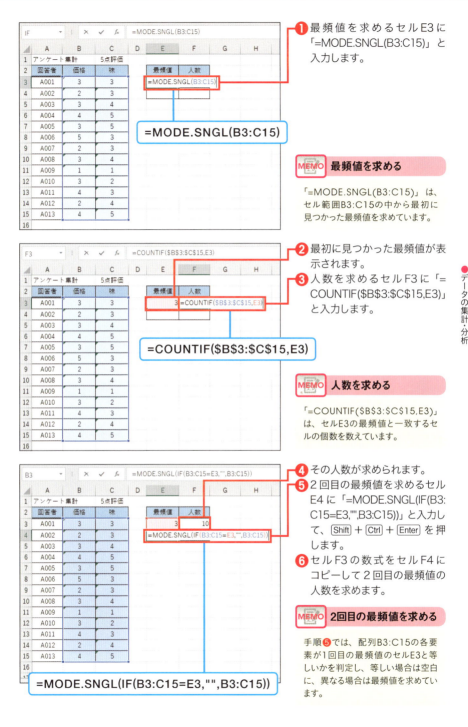

SECTION 029 データの集計・分析

0を除く最下位から下位5位までの値を求める

対応バージョン 2016 / 2013 / 2010 / 2007

COUNTIF / SUM / SMALL

市場調査などのデータから、0を除いた最下位から数えた順位の値を求めるには、COUNTIF関数とSUM関数、SMALL関数を組み合わせます。COUNTIF関数を使用して、SMALL関数で取り出した数値の数を求め、SMALL関数の順位に指定します。

≫ 0円を除く1番目から5番目の安値を求める

書式 =COUNTIF(範囲,検索条件)

説明 指定した「範囲」の中から、「検索条件」に一致するセルの個数を数えます（P.46参照）。

書式 =SUM(数値1[,数値2,…])

説明 指定したセル範囲に含まれるすべての数値の合計を求めます。

書式 =SMALL(配列,順位)

説明 小さいほうから数えた順位の値を求めます。「配列」には順位の対象となるデータが入力されている配列、またはセル範囲を指定します。

0円を除く1番目から5番目までの安値を求めます。

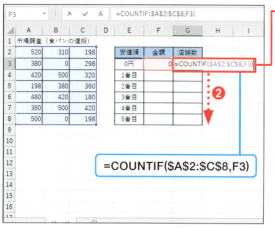

❶ 0円の個数を求めるセル G3 に「=COUNTIF($A$2:$C$8,F3)」と入力します。
❷ セル G3 に入力した数式をセル G8 までコピーします。

MEMO　0の個数を求める

「=COUNTIF($A$2:$C$8,F3)」は、セル範囲A2:C8に含まれる「0」の個数を求めています。

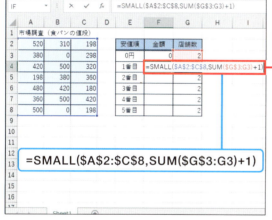

❸ 1番目に安い値を求めるセル F4 に「=SMALL($A$2:$C$8,SUM($G$3:G3)+1)」と入力します。

MEMO　0の次に安い値を求める

手順❸では、セル範囲A2:C8の中から、指定した順位にある金額を取り出すために、SUM関数で個数の累計を求めて「1」を足し、0の次に小さい値が何番目にあるかを求めています。

❹ セル F4 の数式をセル F8 までコピーすると、0を除く1番目から5番目までの安値とそれぞれの個数が求められます。

097

対応バージョン	2016	2013	2010	2007

SECTION

030

データの集計・分析

MONTH
SUBTOTAL

月ごとの小計を挿入する

月をまたいだ売上表に月ごとの小計を挿入するには、MONTH関数とExcelの「小計」機能を組み合わせます。MONTH関数で日付から月を取り出し、その月を「グループの基準」に指定して、小計行を挿入します。

≫ 月をまたいだ売上表に月ごとの小計を挿入する

書式 **=MONTH(シリアル値)**

説明 「シリアル値」に対応する月を1〜12の範囲の整数で取り出します。

書式 **=SUBTOTAL(集計方法,参照1[,参照2,…])**

説明 「参照」で指定したセル範囲の値を、指定した集計方法で集計します。「参照」に列（縦方向）のデータを指定した場合、「1」〜「9」にすると非表示のセルも含めて、「101」〜「109」にすると非表示のセルは含めずに集計します。

集計方法	値	
平均値	1	101
数値の個数	2	102
データの個数	3	103
最大値	4	104
最小値	5	105
合計	9	109

販売金額を月ごとに集計した集計行を挿入します。

098

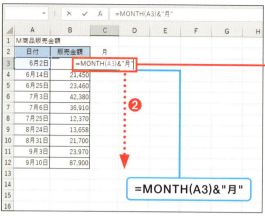

❶ 月を取り出すセル C3 に「= MONTH(A3)&"月"」と入力します。
❷ 入力した数式をほかのセルにコピーします。

MEMO 月を取り出す

「=MONTH(A3)&"月"」は、セル A3 から月を取り出し、「月」を付けて表示しています。

❸ セル C3 をクリックして、<データ>タブの<小計>をクリックします。
❹ <グループの基準>で「月」を選択し、
❺ <集計の方法>で「合計」を選択します。
❻ <集計するフィールド>で<販売金額>をオンにして、
❼ < OK >をクリックします。

❽ SUBTOTAL 関数を使用した数式が自動的に挿入され、月ごとの集計行が挿入されます。
❾ 集計のセルを移動して C 列を非表示にし、表を完成させます。

MEMO 月ごとの集計を求める

<集計の設定>ダイアログボックスの<集計の方法>で「合計」を選択すると、SUBTOTAL 関数の集計方法に「9」が指定された数式が作成されます。

SECTION 031 金額ごとの件数表を作成する

データの集計・分析

対応バージョン 2016 / 2013 / 2010 / 2007

INT / MOD / SUM

立替費用の精算などに必要な各金種の枚数を求めたいときは、小数点以下を切り捨てるINT関数と余りを求めるMOD関数を組み合わせます。INT関数で1万円札の必要枚数を求め、MOD関数で5千円札以下の枚数を求めます。

» 費用精算に必要な金種表を作成する

書式 =INT(数値)

説明 指定した「数値」の小数点以下を切り捨てて整数にします。

書式 =MOD(数値,除数)

説明 「数値」を「除数」で割ったときの余りを求めます。

書式 =SUM(数値1[,数値2,…])

説明 指定したセル範囲に含まれるすべての数値の合計を求めます。

精算額からそれぞれの金種の枚数を求めます。

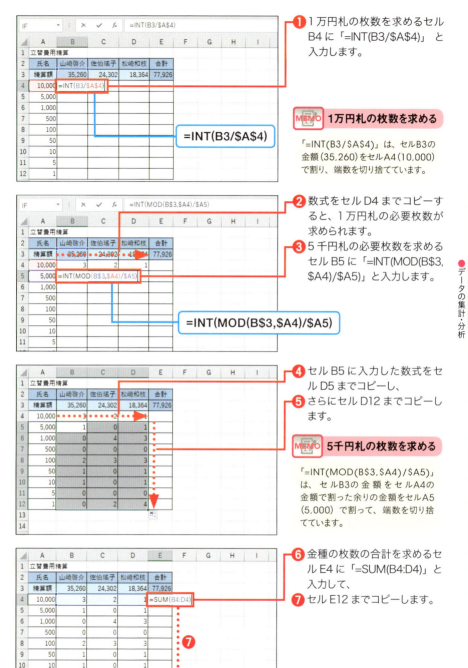

❶ 1万円札の枚数を求めるセルB4に「=INT(B3/$A$4)」と入力します。

1万円札の枚数を求める

「=INT(B3/$A$4)」は、セルB3の金額(35,260)をセルA4(10,000)で割り、端数を切り捨てています。

❷ 数式をセルD4までコピーすると、1万円札の必要枚数が求められます。
❸ 5千円札の必要枚数を求めるセルB5に「=INT(MOD(B$3,$A$4)/$A$5)」と入力します。

❹ セルB5に入力した数式をセルD5までコピーし、
❺ さらにセルD12までコピーします。

5千円札の枚数を求める

「=INT(MOD(B$3,$A$4)/$A$5)」は、セルB3の金額をセルA4の金額で割った余りの金額をセルA5(5,000)で割って、端数を切り捨てています。

❻ 金種の枚数の合計を求めるセルE4に「=SUM(B4:D4)」と入力して、
❼ セルE12までコピーします。

101

SECTION

032

データの集計・分析

対応バージョン 2016 2013 2010 2007

RANK.EQ
SUM

同じ値の場合にも
連続した順位を付ける

数値の大きい順（降順）や小さい順（昇順）に順位を付けるには、RANK.EQ関数を使用します。RANK.EQ関数では、同順位のデータがある場合、それぞれ同じ順位で表示されます。同じ順位をなくしたい場合は、ほかの列の値などを利用して順位を付けます。

≫ 同じ値の場合は別の項目を参照して順位を付ける

書式 **=RANK.EQ(数値,参照[,順序])**

説明 指定したセル範囲内の数値の順位を求めます。数値が同じ順位にある場合は、その中で最も高い順位で表示されます。「順序」に「0」を指定するか省略すると降順で、「1」を指定すると昇順で並べ替えられます。Excel 2007ではRANK関数を使います。

書式 **=SUM(数値1[,数値2,…])**

説明 指定したセル範囲に含まれるすべての数値の合計を求めます。

	A2		×	✓	fx	担当者名	
▲	A	B	C	D	E	F	G
1	販売成績一覧						
2	担当者名	4月	5月	6月	昨年度実績	第1四半期合計	成績順位
3	山崎 啓介	820	390	468	1,839	1,678	2
4	佐伯 瑶子	563	450	752	1,560	1,765	1
5	松崎 和枝	420	680	490	1,386	1,590	4
6	横山 詠一	710	390	397	2,040	1,497	6
7	田所 慎介	538	463	560	1,930	1,561	5
8	山根 滋	390	468	820	1,640	1,678	3
9	町村 栄喜	590	216	670	1,305	1,476	7
10							
11							
12							
13							
14							
15							

同じ順位がある場合は、昨年度の実績が多いほうを上の順位にします。

❶ 第1四半期合計を求めるセルF3に「=SUM(B3:D3)+RANK.EQ(E3,$E$3:$E$9,1)/1000」と入力します。

=SUM(B3:D3)+RANK.EQ(E3,$E$3:$E$9,1)/1000

MEMO 同順位のデータがある場合

昨年度の実績を考慮せずに単純に合計を求める場合は、「=SUM(B3:D3)」としますが、もとになる値が同じ場合は、順位も同じになります。

❷ セルF3の第1四半期の合計が求められます。
❸ 数式をほかのセルにコピーします。

MEMO 千分率の数値を加える

手順❶では、今年度の合計に、昨年度の順位を昇順で求めたものの千分率を加えることで、昨年度の実績が上のほうの合計が大きくなるようにしています。

❹ 順位を表示するセルG3に「=RANK.EQ(F3,$F$3:$F$9,0)」と入力します。
❺ 入力した数式をコピーすると、昨年度の実績を考慮した順位が求められます。

=RANK.EQ(F3,$F$3:$F$9,0)

SECTION 033 データの集計・分析

対応バージョン 2016 / 2013 / 2010 / 2007

COUNTIFS
IF

特定の条件を満たすデータにのみ順位を付ける

すべての数値に順位を付けるのではなく、特定の条件を満たす数値だけに順位を付けるには、RANK.EQ関数ではなく、IF関数とCOUNTIFS関数を組み合わせます。IF関数を使用して条件を分岐し、COUNTIFS関数を使用して順位を付けます。

≫ 特定の支店のみに順位を付ける

書式 =COUNTIFS(検索条件範囲1,検索条件1[,検索条件範囲2,検索条件2,…])

説明 指定した「検索条件範囲」内で、複数の「検索条件」に一致するセルの個数を数えます(P.46参照)。

書式 =IF(論理式[,真の場合][,偽の場合])

説明 条件によって処理を振り分けます。「論理式」には、結果がTRUE(真)またはFALSE(偽)になるような条件式を指定します。「真の場合」には条件式がTRUEの場合の処理を、「偽の場合」にはFALSEの場合の処理を指定します(P.42参照)。

	A	B	C	D
1	支店別販売数			
2	氏名	支店	販売数	順位
3	浅田 茉奈	原宿	1,356	5
4	丸山 直樹	横浜	4,213	
5	遠野 佑志	原宿	5,112	1
6	細川 隼人	新宿	3,533	
7	大地 圭太	原宿	2,834	3
8	相良 萌	新宿	1,923	
9	竹中 純	横浜	4,110	
10	毛利 七海	原宿	3,210	2
11	中田 香奈	新宿	2,314	
12	笹木 斗真	原宿	1,869	4

原宿店のみに、販売数の多い順に順位を付けます。

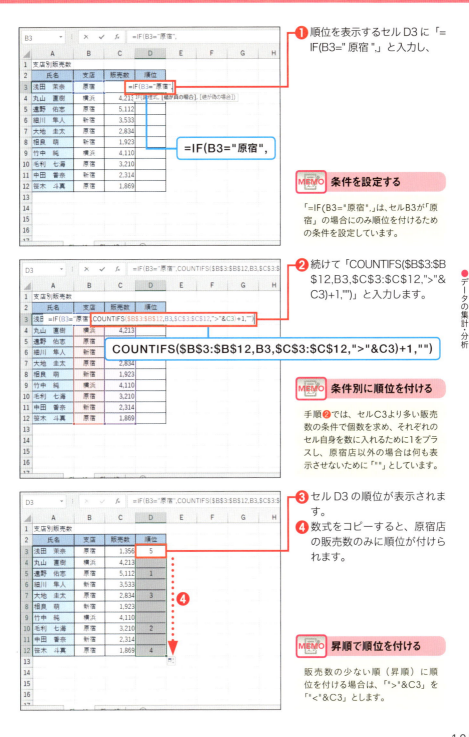

SECTION

034

データの集計・分析

対応バージョン 2016 2013 2010 2007

同じ値があった場合でも順位を飛ばさずに付ける

MATCH
ROW
IF
RANK.EQ

RANK.EQ関数で順位を付けると、同じ数値データには同じ順位が付けられ、次の順位が飛ばされます。同じ数値があった場合でも順位を飛ばさずに付けるには、2つ目の同じ数値を空白にした列を別途作成し、その列の数値をもとに順位を付けます。

≫ 同じ数値でも順位を飛ばさずに付ける

書式 **=MATCH(検査値,検査範囲[,照合の種類])**

説明 「照合の種類」に従って「検査範囲」内を検索し、「検査値」と一致するセルの相対的な位置を求めます。「照合の種類」に「0」を指定すると検査値と完全に一致する値を、省略するか「1」を指定すると検査値以下の最大値、「−1」を指定すると検査値以上の最小値が検索されます(P.51参照)。

書式 **=ROW([参照])**

説明 指定したセルの行番号を求めます。「参照」には、行番号を調べるセルまたはセル範囲を指定します。省略すると、ROW関数を入力したセルの行番号が求められます(P.48参照)。

書式 **=IF(論理式[,真の場合][,偽の場合])**

説明 条件によって処理を振り分けます。「論理式」には、結果がTRUE(真)またはFALSE(偽)になるような条件式を指定します。「真の場合」には条件式がTRUEの場合の処理を、「偽の場合」にはFALSEの場合の処理を指定します(P.42参照)。

書式 **=RANK.EQ(数値,参照[,順序])**

説明 指定したセル範囲内の数値の順位を求めます。数値が同じ順位にある場合は、その中で最も高い順位で表示されます。「順序」に「0」を指定するか省略すると降順で、「1」を指定すると昇順で並べ替えられます。Excel 2007ではRANK関数を使います。

同じ数値があった場合でも
順位を飛ばさずに付けます。

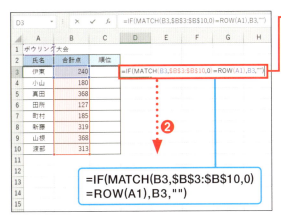

① セル D3 に「=IF(MATCH(B3, $B$3:$B$10,0)=ROW(A1), B3,"")」と入力します。
② 入力した数式をほかのセルにコピーします。

MEMO 同じ数値を空白にする

手順①では、1つ目の合計点にはTRUE、2つ目の同じ合計点にはFALSEが求められます。この数式をIF関数の「論理値」に指定しています。

③ 順位を表示するセル C3 に「=RANK.EQ(B3,$D$3:$D$10, 0)」と入力します。

MEMO 順位を飛ばさずに付ける

「=RANK.EQ(B3,$D$3:$D$10, 0)」は、D列を指定することで、順位を飛ばさずに表示されます。

④ セル C3 の順位が表示されます。
⑤ 数式をコピーすると、同じ数値があった場合でも順位が飛ばさずに付けられます。

SECTION 035 データの集計・分析

表示された行だけを対象に順位を付ける

対応バージョン 2016 / 2013 / 2010 / 2007

SUBTOTAL
IF
RANK.EQ

RANK.EQ関数を使って順位を付けた場合、フィルターで行を非表示にすると、順位の一部も非表示になってしまいます。表示された行だけを対象に順位が付くようにしたい場合は、IF関数とSUBTOTAL関数を使用して、非表示の数値は空白になるように数式を作成します。

≫ 表示された値だけに順位を付ける

  書式 =SUBTOTAL(集計方法,参照1[,参照2,…])

説明 「参照」で指定したセル範囲の値を、指定した集計方法(P.98参照)で集計します。

  書式 =IF(論理式[,真の場合][,偽の場合])

説明 条件によって処理を振り分けます。「論理式」には、結果がTRUE(真)またはFALSE(偽)になるような条件式を指定します。「真の場合」には条件式がTRUEの場合の処理を、「偽の場合」にはFALSEの場合の処理を指定します(P.42参照)。

  書式 =RANK.EQ(数値,参照[,順序])

説明 指定したセル範囲内の数値の順位を求めます。数値が同じ順位にある場合は、その中で最も高い順位で表示されます。「順序」に「0」を指定するか省略すると降順で、「1」を指定すると昇順で並べ替えられます。Excel 2007ではRANK関数を使います。

	A	B	C	D
1	支店別販売数			
2	氏名	支店	販売数	順位
4	丸山 直樹	横浜	4,213	2
6	細川 隼人	横浜	3,533	4
8	大地 圭太	横浜	2,834	5
10	竹中 純	横浜	4,110	3
12	進藤 祐大	横浜	4,821	1
15				

フィルターで行を非表示にしても、

表示された行だけを対象に順位が付くようにします。

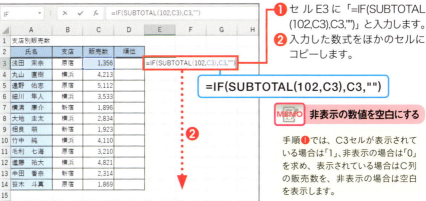

❶ セルE3に「=IF(SUBTOTAL(102,C3),C3,"")」と入力します。
❷ 入力した数式をほかのセルにコピーします。

=IF(SUBTOTAL(102,C3),C3,"")

非表示の数値を空白にする

手順❶では、C3セルが表示されている場合は「1」、非表示の場合は「0」を求め、表示されている場合はC列の販売数を、非表示の場合は空白を表示します。

❸ 順位を表示するセルD3に「=RANK.EQ(E3,$E$3:$E$14,0)」と入力します。

=RANK.EQ(E3,$E$3:$E$14,0)

表示行だけに順位が付く

「=RANK.EQ(E3,$E$3:$E$14,0)」は、E列を指定することで、表示されている販売数だけに順位が表示されます。

❹ 数式をコピーすると、順位が表示されます。
❺ <データ>タブの<フィルター>をクリックして、フィルターを設定します。

SECTION 036 データの集計・分析

対応バージョン 2016 / 2013 / 2010 / 2007

順位を指定した文字で表示する

RANK.EQ
CHOOSE

順位を数値ではなく、「優勝」「準優勝」や「No.1」「No.2」などの指定した文字で付けるには、RANK.EQ関数で求められる順位の数値を、CHOOSE関数を使用して表示したい文字に変更します。CHOOSE関数は、引数のリストから値を抽出する関数です。

≫ 順位を「優勝」「準優勝」と表示する

書式 =RANK.EQ(数値,参照[,順序])

説明 指定したセル範囲内の数値の順位を求めます。数値が同じ順位にある場合は、その中で最も高い順位で表示されます。「順序」に「0」を指定するか省略すると降順で、「1」を指定すると昇順で並べ替えられます。Excel 2007ではRANK関数を使います。

書式 =CHOOSE(インデックス,値1[,値2,…])

説明 「インデックス」で指定した位置にある引数リストの値を取り出します。「値1」には引数リストの1番目の値、「値2」には2番目の値を指定します。

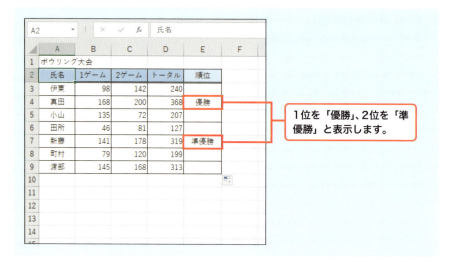

1位を「優勝」、2位を「準優勝」と表示します。

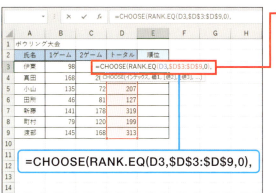

❶ 順位を表示するセル E3 に「=CHOOSE(RANK.EQ(D3,$D$3:$D$9,0),」と入力します。

❷ 続けて「"優勝","準優勝","","","","","")]と入力します。

MEMO 順位を指定の文字で付ける

手順❶、❷では、RANK.EQ関数で求めた順位が「1」なら「優勝」、「2」なら「準優勝」と表示し、それ以外は、「""」（空文字）を表示しています。

❸ 入力した数式をほかのセルにコピーします。

 COLUMN

すべての順位を表示するには

すべての順位を文字で表示する場合は、「=CHOOSE(RANK.EQ(D3,$D$3:$D$9,0),"優勝","準優勝","第3位","第4位","第5位","ブービー賞","第7位")」のように入力します。

COLUMN

Excelで使える演算子

演算子とは、数式で使う「+」「−」「*」などの記号のことです。Excelで使う演算子には、四則演算などを行うための算術演算子、2つの値を比較するための比較演算子、文字列を連結するための文字列連結演算子、セル参照を示すための参照演算子の4種類があります。

算術演算子

記号	意味	使用例	結果
+	加算	2+4	6
-	減算	6-3	3
*	乗算	3*6	18
/	除算	9/3	3
%	パーセント	8%	0.08
^	べき乗	3^3	27

比較演算子

記号	意味	使用例	結果
=	右辺と左辺が等しい	A1=B1	A1とB1が等しければTRUE、そうでなければFALSE
>	左辺が右辺よりも大きい	A1>B1	A1がB1より大きければTRUE、そうでなければFALSE
<	左辺が右辺よりも小さい	A1<B1	A1がB1より小さければTRUE、そうでなければFALSE
>=	左辺が右辺以上である	A1>=B1	A1がB1以上であればTRUE、そうでなければFALSE
<=	左辺が右辺以下である	A1<=B1	A1がB1以下であればTRUE、そうでなければFALSE
<>	左辺と右辺が等しくない	A1<>B1	A1とB1が等しければFALSE、そうでなければTRUE

文字列連結演算子

記号	意味	使用例	結果
&（アンパサンド）	文字列の連結	" 関数 "&" 組み合わせ "	関数組み合わせ

参照演算子

記号	意味	使用例	結果
:（コロン）	セル範囲	A1:A5	A1とA5の間にあるすべてのセル
,（カンマ）	セル範囲の複数指定	A1:A5,C1:C5	A1とA5の間、C1とC5の間にあるすべてのセル
（半角スペース）	セル範囲の共通部分	A1:B10 B5:C15	B5からB10の間にあるすべてのセル

第 **3** 章

条件を判定する
組み合わせ技

SECTION 037 条件の判定

対応バージョン 2016 / 2013 / 2010 / 2007

IF

条件に応じて処理を分岐する

指定した条件によって処理を分岐するには、IF関数を使用します。3つ以上の処理に分岐したい場合は、IF関数の中にIF関数を指定して条件を分けます。関数の引数に関数を指定することを関数を「ネストする」(入れ子にする) といいます。

» IF関数を入れ子にして複数条件で処理を振り分ける

 書式
=IF(論理式[,真の場合][,偽の場合])

 説明
条件によって処理を振り分けます。「論理式」には、結果がTRUE(真)またはFALSE(偽) になるような条件式を指定します。「真の場合」には条件式がTRUEの場合の処理を、「偽の場合」にはFALSEの場合の処理を指定します(P.42参照)。

年齢に応じて、

「レインボー」「オレンジ」「レッド」のグループに分けます。

SECTION 038 条件の判定

複数の条件をすべて満たす場合に値を表示する

対応バージョン： 2016 / 2013 / 2010 / 2007

AND / IF

指定した複数の条件をすべてを満たすか、満たさないかで処理を分けるには、IF関数にAND関数を組み合わせます。AND関数では、指定したすべての条件を満たす場合のみ一致したとみなされ、セルに値を表示します。

≫ 2つの条件をすべて満たす場合に値を表示する

書式 =AND(論理式1[,論理式2,…])

説明 「論理式」で指定したすべての条件を満たすかどうかを判定します。指定した論理式がすべて成立する場合はTRUE、1つでも成立しない場合はFALSEを返します（P.44参照）。

書式 =IF(論理式[,真の場合][,偽の場合])

説明 条件によって処理を振り分けます。「論理式」には、結果がTRUE（真）またはFALSE（偽）になるような条件式を指定します。「真の場合」には条件式がTRUEの場合の処理を、「偽の場合」にはFALSEの場合の処理を指定します（P.42参照）。

	A	B	C	D
1	スキル検定試験			
2	氏名	英会話	パソコン	合否
3	浅沼 瑠子	85	83	合格
4	安室 祐大	62	88	不合格
5	五十嵐 啓斗	80	81	合格
6	上村 麻見	73	58	不合格
7	遠藤 和沙	82	80	合格
8	岡田 准治	79	95	不合格
9	斎藤 麻美	65	70	不合格
10	渡辺 真央	85	80	合格

英会話が80点以上、かつパソコンが80点以上の場合は「合格」、そうでない場合は「不合格」と表示します。

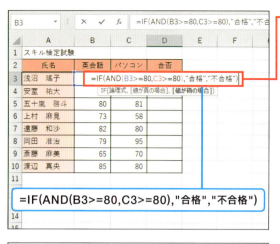

❶ 合否を表示するセル D3 に「=IF(AND(B3>=80,C3>=80),"合格","不合格")」と入力します。

MEMO 合格、不合格を表示する

手順❶では、セルB3の値が80以上、かつセルC3の値が80以上かどうかを判定し、結果がTRUEの場合は「合格」、FALSEの場合は「不合格」と表示しています。

❷ セル D3 に「合格」と表示されます。
❸ 数式をほかのセルにコピーすると、

❹ 英会話とパソコンの両方が 80 点以上の場合は「合格」、そうでない場合は「不合格」と表示されます。

SECTION 039 条件の判定

複数の条件のいずれかを満たす場合に値を表示する

対応バージョン 2016 2013 2010 2007

指定した複数の条件のいずれかを満たすか、満たさないかで処理を分けるには、IF関数にOR関数を組み合わせます。OR関数では、指定した条件のうち1つでも満たす場合に一致したとみなされ、セルに値を表示します。

≫ 2つの条件のいずれかを満たす場合に値を表示する

 =OR(論理式1[,論理式2,…])

 「論理式」で指定したいずれかの条件を満たすかどうかを判定します。指定した論理式が1つでも成立する場合はTRUE、すべて成立しない場合はFALSEを返します(P.44参照)。

 =IF(論理式[,真の場合][,偽の場合])

 条件によって処理を振り分けます。「論理式」には、結果がTRUE(真)またはFALSE(偽)になるような条件式を指定します。「真の場合」には条件式がTRUEの場合の処理を、「偽の場合」にはFALSEの場合の処理を指定します(P.42参照)。

英会話が65点以下、またはパソコンが65点以下の場合は、

「再受講」と表示します。

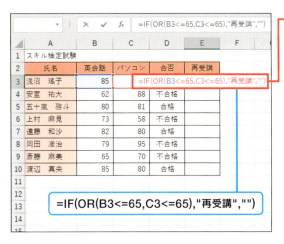

❶ 再受講かどうかを表示するセル E3 に「=IF(OR(B3<=65,C3<=65),"再受講","")」と入力します。

MEMO 再受講か空白を表示する

手順❶では、セルB3の値が65以下、またはセルC3の値が65以下かどうかを判定し、結果がTRUEの場合は「再受講」、FALSEの場合は「""」（空文字）を表示しています。

❷ 数式をほかのセルにコピーすると、

❸ 英会話とパソコンのいずれかが 65 点以下の場合は「再受講」、そうでない場合は何も表示されません。

MEMO フォントの色を変える

ここでは、「再受講」の列に表示される文字の色を赤に変更しています。

119

SECTION 040 条件の判定

偶数か奇数かで処理を分ける

対応バージョン： 2016 / 2013 / 2010 / 2007

ISEVEN
IF

数値が偶数か奇数かで処理を分けるには、IF関数とISEVEN関数を組み合わせます。ISEVEN関数で数値が奇数か偶数かを判定し、偶数の場合は「真の場合」に指定した値を、奇数の場合は「偽の場合」に指定した値を表示します。

≫ 社員番号が偶数か奇数かで組を分ける

 書式　**=ISEVEN(数値)**

 説明　数値が奇数か偶数かを判定し、偶数の場合はTRUE、奇数の場合はFALSEを返します。

 書式　**=IF(論理式[,真の場合][,偽の場合])**

説明　条件によって処理を振り分けます。「論理式」には、結果がTRUE(真)またはFALSE(偽)になるような条件式を指定します。「真の場合」には条件式がTRUEの場合の処理を、「偽の場合」にはFALSEの場合の処理を指定します(P.42参照)。

	A	B	C	D
1	運動会チーム分け			
2	氏名	社員番号	部署	チーム
3	江本　怜奈	2018001	総務部	紅組
4	近藤　洋祐	2018002	企画部	白組
5	佐伯　瑠子	2018003	人事部	紅組
6	田所　慎之介	2018004	営業部	白組
7	浜中　美歩	2018005	事業部	紅組
8	町村　栄喜	2018006	総務部	白組
9	松崎　和枝	2018007	企画部	紅組
10	松沢　謙太	2018008	事業部	白組
11	山崎　啓介	2018009	人事部	紅組
12	山根　滋	2018010	営業部	白組
13	横井　亜沙美	2018011	総務部	紅組
14	横山　詠一	2018012	人事部	白組

社員番号の数値を利用して、

チームを白組と紅組に分けます。

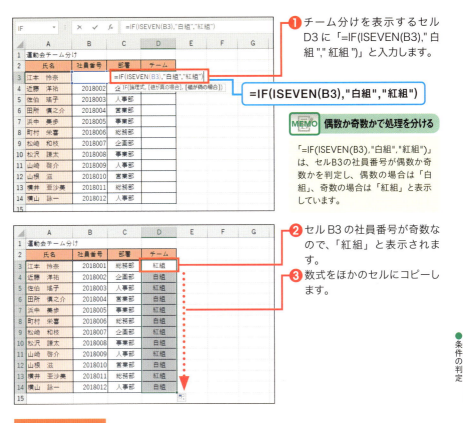

❶ チーム分けを表示するセル D3 に「=IF(ISEVEN(B3),"白組","紅組")」と入力します。

=IF(ISEVEN(B3),"白組","紅組")

> **MEMO** 偶数か奇数かで処理を分ける
>
> 「=IF(ISEVEN(B3),"白組","紅組")」は、セルB3の社員番号が偶数か奇数かを判定し、偶数の場合は「白組」、奇数の場合は「紅組」と表示しています。

❷ セル B3 の社員番号が奇数なので、「紅組」と表示されます。

❸ 数式をほかのセルにコピーします。

COLUMN

ISODD関数を利用する

ISEVEN関数の代わりにISODD関数（P.64参照）を使用することもできます。ISODD関数の場合は、奇数のときにTRUE、偶数のときにFALSEを返します。

=IF(ISODD(B3),"紅組","白組")

SECTION 041 条件の判定

上位○％に含まれる
データを検索する

対応バージョン 2016 2013 2010 2007

売上表などの中で上位○％に含まれるデータを検索するには、IF関数とPERCENTILE.INC関数を組み合わせます。PERCENTILE.INC関数を使用して、上位○％となるボーダーラインを求め、データがボーダーラインの値以上かどうかを検索します。

》 売上の上位30％に含まれるデータを検索する

 =PERCENTILE.INC(配列,率)

「配列」に含まれるデータを小さいほうから数えて、「率」に指定した位置に相当する値を求めます。「率」には求めたい値の位置を0～1の範囲で指定します。Excel 2007ではPERCENTILE関数を使います。

 =IF(論理式[,真の場合][,偽の場合])

 条件によって処理を振り分けます。「論理式」には、結果がTRUE（真）またはFALSE（偽）になるような条件式を指定します。「真の場合」には条件式がTRUEの場合の処理を、「偽の場合」にはFALSEの場合の処理を指定します（P.42参照）。

	A	B	C
1	週間売上		
2	支店	売上高	上位30%
3	神戸	8,235	◎
4	西宮	6,420	
5	尼崎	5,931	
6	宝塚	6,278	
7	芦屋	4,651	
8	伊丹	9,167	◎
9	明石	7,012	◎
10	加古川	5,130	

売上が上位30％に含まれるデータに◎印を付けます。

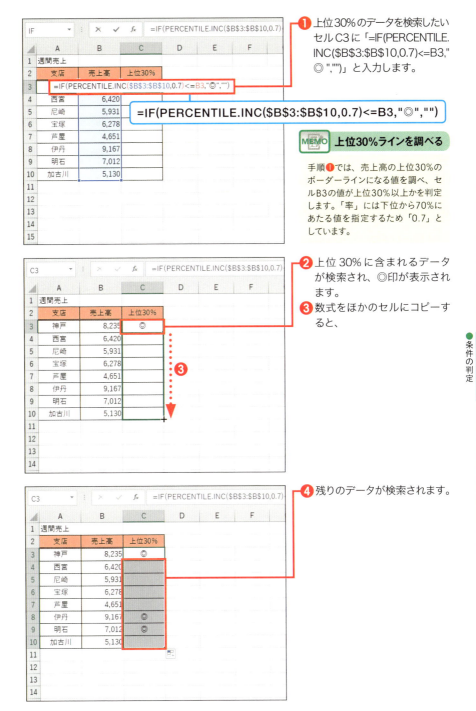

SECTION 042 データに重複があるかどうかを調べる

条件の判定

対応バージョン 2016 / 2013 / 2010 / 2007

COUNTIF / IF

データが重複して登録されていないかどうかを調べるには、IF関数とCOUNTIF関数を組み合わせます。COUNTIF関数で重複するデータを調べ、IF関数でその結果を判定します。また、複数の条件を使ってデータの重複を調べる場合は、COUNTIFS関数を使用します。

重複しているデータに「重複」と表示する

 書式　**=COUNTIF(範囲,検索条件)**

 説明　指定した「範囲」内で「検索条件」に一致するセルの個数を数えます(P.46参照)。

 書式　**=IF(論理式[,真の場合][,偽の場合])**

 説明　条件によって処理を振り分けます。「論理式」には、結果がTRUE(真)またはFALSE(偽)になるような条件式を指定します。「真の場合」には条件式がTRUEの場合の処理を、「偽の場合」にはFALSEの場合の処理を指定します(P.42参照)。

	A	B	C	D
1	受注明細			
2	取引先	品名	数量	重複の確認
3	カフェ三宮	ダージリン	100	重複
4	MORITA	アッサム	250	重複
5	山崎商店	ディンブラ	120	
6	喫茶マリン	ダージリン	230	重複
7	マイロード	キャンディー	430	
8	いそっぷ	アールグレイ	300	
9	シュガーハウス	アッサム	250	重複
10	カフェ三宮	ニルギリ	150	
11	マイロード	フレーバーティー	320	
12	いそっぷ	カラメル	300	

「品名」が重複している場合は、「重複」と表示します。

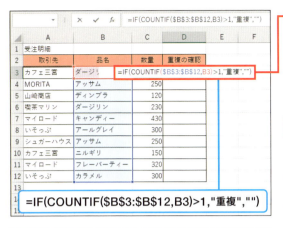

❶ 重複データを調べるセル D3 に「=IF(COUNTIF($B$3:$B$12,B3)>1,"重複","")」と入力します。

重複データを調べる

手順❶では、セル範囲B3:B12の品名が2つ以上あるかどうかを判定し、結果がTRUEの場合は「重複」、FALSEの場合は「""」（空文字）を表示しています。

❷ 重複するデータに「重複」と表示されます。
❸ 数式をほかのセルにコピーします。

2件目だけに重複と表示する

ここでは、重複するデータすべてに「重複」と表示していますが、2件目以降のデータだけに表示する場合は、「=IF(COUNTIF($B$3:B3,B3)>1,"重複","")」と入力します。

COLUMN

複数の条件を使って重複データを調べる

ここでは、1つの条件を使って重複データを調べていますが、複数の条件を使って重複を調べる場合は、COUNTIFS関数（P.46）を使用します。下の例では、「取引先」と「品名」の2つを条件にしています。

=IF(COUNTIFS($A$3:$A$12,A3,$B$3:$B$12,B3)>1,"重複","")

対応バージョン 2016 2013 2010 2007

SECTION

043

条件の判定

未入力の項目があるときに
メッセージを表示する

ISBLANK
IF
MATCH
INDEX

社員情報などの入力用フォームに未記入の項目がないようにするには、IF関数とISBLANK
関数で入力セルが空白かどうかを判定します。INDEX関数とMATCH関数を使用すると、未
記入の項目がある場合に、その項目名を使ったメッセージを表示することができます。

》 未記入の項目名を使ってメッセージを表示する

書式 **=ISBLANK(テストの対象)**

説明 「テストの対象」で指定したセルが空白の場合はTRUEを、空白でない場合はFALSEを返します。

書式 **=IF(論理式[,真の場合][,偽の場合])**

説明 条件によって処理を振り分けます。「論理式」には、結果がTRUE(真)またはFALSE(偽)になるような条件式を指定します。「真の場合」には条件式がTRUEの場合の処理を、「偽の場合」にはFALSEの場合の処理を指定します(P.42参照)。

書式 **=MATCH(検査値,検査範囲[,照合の種類])**

説明 「照合の種類」に従って「検査範囲」内を検索し、「検査値」と一致するセルの相対的な位置を求めます。「照合の種類」に「0」を指定すると検査値と完全に一致する値を、省略するか「1」を指定すると検査値以下の最大値、「-1」を指定すると検査値以上の最小値が検索されます(P.51参照)。

書式 **=INDEX(配列,行番号[,列番号])**

説明 「行番号」と「列番号」が交差する位置にあるセル参照を求めます。「配列」が1行や1列の場合は、行番号や列番号を省略できます(P.50参照)。

126

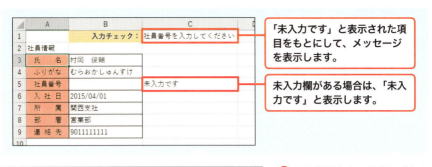

「未入力です」と表示された項目をもとにして、メッセージを表示します。

未入力欄がある場合は、「未入力です」と表示します。

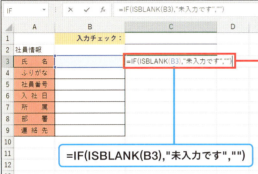

❶ 入力欄が空白の場合に「未入力です」と表示するセルC3に「=IF(ISBLANK(B3),"未入力です","")」と入力します。

MEMO セルが空白かを判定する

手順❶では、セルB3が空白かどうかを判定し、空白の場合は「未入力です」と表示し、そうでない場合は何も表示しません。

❷ 入力した数式をほかのセルにコピーします。

❸ 未記入の項目がある場合にメッセージを表示するセルC1に「=INDEX(A3:A9,MATCH("未入力です",C3:C9,0))&"を入力してください"」と入力します。

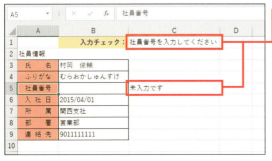

❹ データを入力したときに未入力の項目がある場合、その項目名を使ったメッセージが表示されます。

MEMO メッセージを表示する

手順❸では、「未入力です」に一致する行番号を調べ、取り出した項目名と「を入力してください」を連結しています。

SECTION 044 条件の判定

エラー表示を回避する

対応バージョン： 2016 / 2013 / 2010 / 2007

見積書や請求書などで、計算が必要なセルにあらかじめ数式を入力しておくと便利ですが、参照セルが未入力の場合にエラー値が表示されることがあります。このエラー値を表示させないようにするには、ISBLANK関数とIF関数を組み合わせます。

≫ 未入力の行を空白にする

書式 =ISBLANK(テストの対象)

説明 「テストの対象」で指定したセルが空白の場合はTRUEを、空白でない場合はFALSEを返します。

書式 =IF(論理式[,真の場合][,偽の場合])

説明 条件によって処理を振り分けます。「論理式」には、結果がTRUE(真)またはFALSE(偽)になるような条件式を指定します。「真の場合」には条件式がTRUEの場合の処理を、「偽の場合」にはFALSEの場合の処理を指定します(P.42参照)。

時間単価と希望時間が入力されている場合は掛け算を行います。

項目が未入力の場合はエラー値が表示されます。このエラー値を回避します。

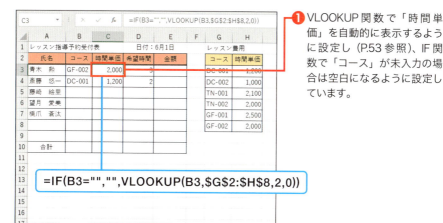

❶ VLOOKUP 関数で「時間単価」を自動的に表示するように設定し（P.53 参照）、IF 関数で「コース」が未入力の場合は空白になるように設定しています。

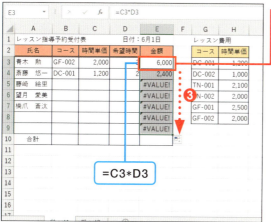

❷「金額」のセル E3 に「=C3*D3」と入力します。
❸ 入力した数式をコピーすると、セルが未入力の場合、エラー値が表示されます。

MEMO 金額の計算

「=C3*D3」は、「時間単価」と「希望時間」を掛け算しています。

❹ 計算結果が表示されるセル E3 に「=IF(ISBLANK(B3),"",C3*D3)」と入力します。
❺ 入力した数式をほかのセルにコピーすると、エラー値が非表示になります。

MEMO エラーを表示しない

「=IF(ISBLANK(B3),"",C3*D3)」は、セルB3が空白の場合は「""」（空文字）を表示し、空白でない場合は「C3*D3」の計算結果を表示しています。

SECTION 045 条件の判定

下位○%以上を合格と判定する

試験結果などで「下位○%以上を合格」としたいときは、IF関数とPERCENTRANK.INC関数を組み合わせます。PERCENTRANK.INC関数を使用して、数値が下から数えて何%の位置にあるかを調べ、調べた百分率の順位が○%以上かどうかをIF関数で判定します。

≫ 試験結果の下位30%以上を合格とする

書式 =PERCENTRANK.INC(配列,X[,有効桁数])

説明 「X」が「配列」内のどの位置に相当するかを百分率(0~1)で求めます。「有効桁数」には百分率の有効桁数を指定します。省略した場合は小数第3位まで計算されます。Excel 2007ではPERCENTRANK関数を使います。

書式 =IF(論理式[,真の場合][,偽の場合])

説明 条件によって処理を振り分けます。「論理式」には、結果がTRUE(真)またはFALSE(偽)になるような条件式を指定します。「真の場合」には条件式がTRUEの場合の処理を、「偽の場合」にはFALSEの場合の処理を指定します(P.42参照)。

	A	B	C	D	E
1	スキル検定試験				
2	氏名	英会話	パソコン	合計	合否
3	浅沼 瑠子	85	83	168	合格
4	安室 祐大	62	88	150	
5	五十嵐 啓斗	80	81	161	合格
6	上村 麻見	58	73	131	
7	遠藤 和沙	82	80	162	合格
8	岡田 准治	79	95	174	合格
9	斎藤 麻美	65	70	135	
10	渡辺 真央	85	80	165	合格

合計が下位30%以上かどうかを調べて、

下位30%以上の場合は「合格」と表示します。

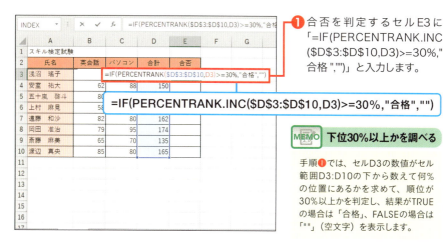

❶ 合否を判定するセルE3に「=IF(PERCENTRANK.INC($D$3:$D$10,D3)>=30%,"合格","")」と入力します。

=IF(PERCENTRANK.INC($D$3:$D$10,D3)>=30%,"合格","")

MEMO 下位30％以上かを調べる

手順❶では、セルD3の数値がセル範囲D3:D10の下から数えて何％の位置にあるかを求めて、順位が30％以上かを判定し、結果がTRUEの場合は「合格」、FALSEの場合は「""」（空文字）を表示します。

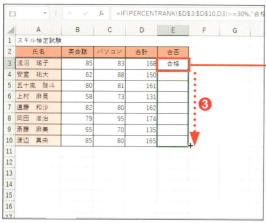

❷ セルE3に「合格」と表示されます。
❸ 数式をほかのセルにコピーすると、

❹ 合否が判定されます。

対応バージョン 2016 / 2013 / 2010 / 2007

SECTION

046

条件の判定

全員が合格したか
どうかを判定する

GESTEP
PRODUCT
COUNTIF
IF

試験に全員合格したかどうかを判定するには、まず、GESTEP関数を使用して試験の点数と
合格点を比較します。次に、IF関数とPRODUCT関数を組み合わせ、全員が合格したかどう
かを判定します。全員が合格していない場合は、COUNTIF関数で不合格者数を求めます。

» 全員が合格していない場合は不合格者数を表示する

書式 **=GESTEP(数値[,しきい値])**

説明 「数値」が「しきい値」(省略時は0)より大きいか小さいかを判定します。大
きい場合は1、小さい場合は0を表示します。

書式 **=PRODUCT(数値1[,数値2,…])**

説明 「数値」で指定した数値やセル範囲に含まれる数値の積を求めます。

書式 **=COUNTIF(範囲,検索条件)**

説明 指定した「範囲」の中から、「検索条件」に一致するセルの個数を数えます
(P.46参照)。

書式 **=IF(論理式[,真の場合][,偽の場合])**

説明 条件によって処理を振り分けます。「論理式」には、結果がTRUE(真)ま
たはFALSE(偽)になるような条件式を指定します。「真の場合」には条件
式がTRUEの場合の処理を、「偽の場合」にはFALSEの場合の処理を指
定します(P.42参照)。

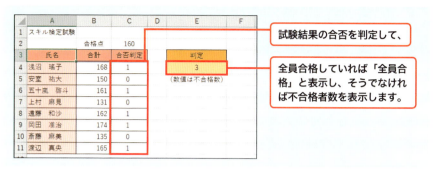

試験結果の合否を判定して、

全員合格していれば「全員合格」と表示し、そうでなければ不合格者数を表示します。

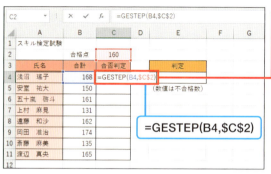

❶ 合否を判定するセルC4に「=GESTEP(B4,$C$2)」と入力します。

MEMO 合否を判定する

「=GESTEP(B4,$C$2)」は、試験の点数と合格点を比較しています。合格点以上の場合は1、未満の場合は0になります。

❷ 入力した数式をコピーすると、合格点以上の場合は1、未満の場合は0と表示されます。

MEMO 全員合格かどうかを判定する

手順❸の数式は、セル範囲C4:C11の掛け算の結果が1に等しいかどうかを判定し、TRUEの場合は「全員合格」と表示し、FALSEの場合は不合格者数を数えます。

❸ 全員合格かどうかを判定するセルE4に「=IF(PRODUCT(C4:C11)=1," 全員合格 ",COUNTIF(C4:C11,0))」と入力します。

133

SECTION 047 条件の判定

条件を満たす最小の値を求める

対応バージョン： 2016 / 2013 / 2010 / 2007

表の中から条件を満たす最小値や最大値を求めるには、MAX関数やMIN関数とIF関数を組み合わせた配列数式で求めます。また、別途条件枠を作成しておけば、DMAX関数やDMIN関数を使用して求めることもできます。

≫ 条件を満たす数値の最小値を求める

書式 =IF(論理式[,真の場合][,偽の場合])

説明 条件によって処理を振り分けます。「論理式」には、結果がTRUE(真)またはFALSE(偽)になるような条件式を指定します。「真の場合」には条件式がTRUEの場合の処理を、「偽の場合」にはFALSEの場合の処理を指定します(P.42参照)。

書式 =MIN(数値1[,数値2,…])

説明 数値の最小値を求めます。

指定した品名の最小受注数を求めます

❶ セルE3で指定した品名の最小受注数を求めるセルF3に「=MIN(IF(B3:B12=E3,C3:C12,""))」と入力して、
❷ Ctrl + Shift + Enter を押すと、

MEMO 数値の最小値を求める

手順❶では、セル範囲B3:B12の中からセルE3で指定した品名のデータを探し、その最小受注数を、セル範囲C3:C12から求めています。

❸ 指定した品名の最小受注数が求められます。
❹ 品名を変更すると、最小受注数も変更されます。

MEMO 数値の最大値を求める

数値の最大値を求める場合は、MAX関数を使用して「=MAX(IF(B3:B12=E3,C3:C12,""))」と入力します。

●条件の判定

COLUMN

DMAX関数やDMIN関数を使用する

数値の最大値や最小値は、データベース関数（P.168参照）のDMAX関数やDMIN関数を使用して求めることもできます。データベース関数を使用する場合は、検索条件を入力する欄を別途用意しておく必要があります。

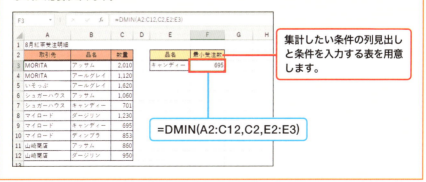

集計したい条件の列見出しと条件を入力する表を用意します。

135

SECTION 048 条件の判定

対応バージョン: 2016 / 2013 / 2010 / 2007

ワースト○位を求める

売上表などから指定した条件の売上ワースト○位や、売上ベスト○位を求めるには、IF関数とSMALL関数やLARGE関数を組み合わせた配列数式で求めます。ワースト○位を求める場合はSMALL関数を、ベスト○位を求める場合はLARGE関数を使用します。

売上高のワースト3位を求める

書式 =IF(論理式[,真の場合][,偽の場合])

説明 条件によって処理を振り分けます。「論理式」には、結果がTRUE(真)またはFALSE(偽)になるような条件式を指定します。「真の場合」には条件式がTRUEの場合の処理を、「偽の場合」にはFALSEの場合の処理を指定します(P.42参照)。

書式 =SMALL(配列,順位)

説明 小さいほうから数えた順位の値を求めます。「配列」には順位の対象となるデータが入力されている配列、またはセル範囲を指定します。

	A	B	C	D	E	F
1	週間売上高					
2	店舗	エリア	売上高		西日本売上高ワースト	
3	秋田	東日本	10,301		1位	6,234
4	浅草	東日本	5,931		2位	6,278
5	今治	西日本	6,234		3位	7,680
6	銀座	東日本	20,015			
7	神戸	西日本	14,033			
8	高松	西日本	8,214			
9	佐世保	西日本	9,327			
10	札幌	東日本	13,800			
11	仙台	東日本	5,130			
12	宝塚	西日本	6,278			
13	西宮	西日本	10,632			
14	宮崎	西日本	7,680			
15	盛岡	東日本	12,583			

売上表から西日本地区の売上高のワースト3位までを求めます。

136

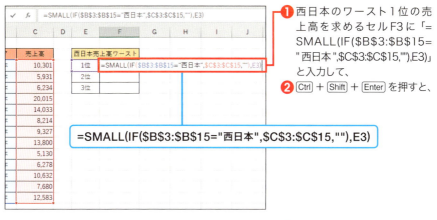

❶ 西日本のワースト1位の売上高を求めるセルF3に「=SMALL(IF($B$3:$B$15="西日本",$C$3:$C$15,""),E3)」と入力して、
❷ Ctrl + Shift + Enter を押すと、

❸ 西日本のワースト1位の売上高が求められます。
❹ 数式をほかのセルにコピーすると、ワースト2位と3位の売上高が求められます。

 ワースト1位の売上高を求める

手順❶の数式は、セル範囲B3:B15が西日本の場合に、セル範囲C3:C15の中からワースト1位の売上高を求めています。

COLUMN

売上高のベスト3位を求める

売上表などから指定した条件の売上ベスト○位を求めるには、IF関数とLARGE関数を組み合わせた配列数式で求めます。LARGE関数は、大きいほうから数えた順位の値を求める関数です。

| SECTION | 対応バージョン | 2016 | 2013 | 2010 | 2007 |

SECTION
049
条件の判定

第1四半期を4～6月として四半期別に集計する

MONTH
MOD
INT
SUMIF

日付データを四半期別に集計するには、MONTH関数、MOD関数、INT関数を組み合わせて、日付から月を四半期ごとに1から4の数値で取り出します。取り出した数値をSUMIF関数の条件に指定して集計を行います。

» 4～6月を第1四半期として四半期別に集計する

書式 =MONTH(シリアル値)

説明 「シリアル値」に対応する月を1～12の範囲の整数で取り出します。

書式 =MOD(数値,除数)

説明 「数値」を「除数」で割ったときの余りを求めます。

書式 =INT(数値)

説明 指定した「数値」の小数点以下を切り捨てて整数にします。

書式 =SUMIF(範囲,検索条件[,合計範囲])

説明 「範囲」内で「検索条件」に一致するデータを検索し、検索結果に対応する「合計範囲」の数値を合計します。「合計範囲」を省略した場合は、指定した「範囲」で条件を満たすセルが合計されます(P.47参照)。

138

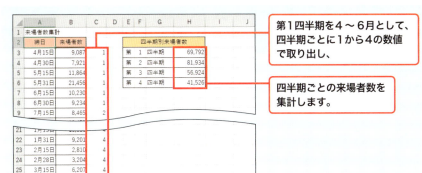

第1四半期を4～6月として、四半期ごとに1から4の数値で取り出し、

四半期ごとの来場者数を集計します。

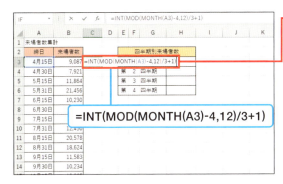

❶ 月を四半期ごとに取り出すセルC3に「=INT(MOD(MONTH(A3)-4,12)/3+1)」と入力します。

MEMO 月を四半期ごとに取り出す

手順❶では、セルA3の日付から取り出した月が4～6月は「1」、7～9月は「2」、10～12月は「3」、1～3月は「4」になります。

❷ 月が四半期ごとに取り出されます。
❸ 数式をコピーします。

MEMO 第1四半期の来場者数を集計する

手順❹では、セル範囲C3:C26をF列の四半期数で検索して、四半期数が一致するセル範囲B3:B26の来場者数を合計しています。

❹ 四半期別の来場者数を求めるセルH3に「=SUMIF($C$3:$C$26,F3,$B$3:$B$26)」と入力します。
❺ 入力した数式をコピーすると、四半期別の来場者数が求められます。

SECTION 050 条件の判定

第1四半期を1～3月として四半期別に集計する

対応バージョン: 2016 / 2013 / 2010 / 2007

第1四半期を4～6月として四半期別に集計する方法についてはSECTION 049で紹介しました。ここでは、1～3月を第1四半期として集計します。MONTH関数とQUOTIENT関数を組み合わせて、日付から月を四半期ごとに1から4の数値で取り出し、集計を行います。

》 1～3月を第1四半期として四半期別に集計する

書式 =MONTH(シリアル値)

説明 「シリアル値」に対応する月を1～12の範囲の整数で取り出します。

書式 =QUOTIENT(分子,分母)

説明 「分子」を「分母」で割ったときの商の整数部を求めます。

書式 =SUMIF(範囲,検索条件[,合計範囲])

説明 「範囲」内で「検索条件」に一致するデータを検索し、検索結果に対応する「合計範囲」の数値を合計します。「合計範囲」を省略した場合は、指定した「範囲」で条件を満たすセルが合計されます（P.47参照）。

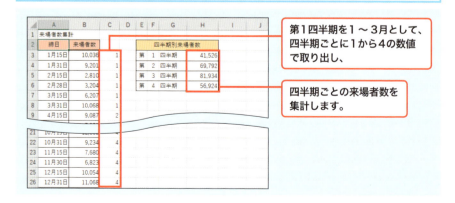

140

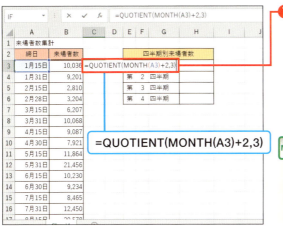

❶ 月を四半期ごとに取り出すセル C3 に「=QUOTIENT(MONTH(A3)+2,3)」と入力します。

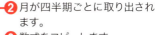

月を四半期ごとに取り出す

手順❶では、セルA3の日付から取り出した月が1～3月は「1」、4～6月は「2」、7～9月は「3」、10～12月は「4」になります。

❷ 月が四半期ごとに取り出されます。
❸ 数式をコピーします。

❹ 四半期別の来場者数を求めるセル H3 に「=SUMIF($C$3:$C$26,F3,$B$3:$B$26)」と入力します。
❺ 入力した数式をコピーすると、四半期別の来場者数が求められます。

第1四半期の来場者数を集計する

手順❹では、セル範囲C3:C26をF列の四半期数で検索して、四半期数が一致するセル範囲B3:B26の来場者数を合計しています。

SECTION 051 条件の判定

上半期・下半期に分けて集計する

対応バージョン: 2016 / 2013 / 2010 / 2007

MONTH
SUMIF

日付データを上半期と下半期に分けて集計するには、MONTH関数とSUMIF関数を組み合わせます。MONTH関数を使用して日付から月を取り出し、取り出した月を上半期か下半期かに分け、それをSUMIF関数の条件に指定して集計を行います。

》 4〜9月を上半期、10〜3月を下半期として集計する

書式 =MONTH(シリアル値)

説明 「シリアル値」に対応する月を1〜12の範囲の整数で取り出します。

書式 =SUMIF(範囲,検索条件[,合計範囲])

説明 「範囲」内で「検索条件」に一致するデータを検索し、検索結果に対応する「合計範囲」の数値を合計します。「合計範囲」を省略した場合は、指定した「範囲」で条件を満たすセルが合計されます(P.47参照)。

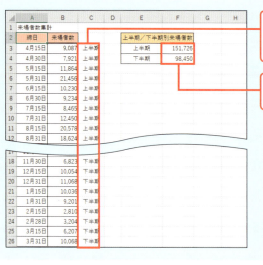

取り出した月が4〜9月の場合は「上半期」、10〜3月の場合は「下半期」を表示して、

上半期と下半期それぞれの来場者数を集計します。

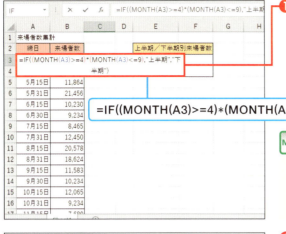

❶ 日付から取り出した月が上半期か下半期かを表示するセルC3に「=IF((MONTH(A3)>=4)*(MONTH(A3)<=9),"上半期","下半期")」と入力します。

=IF((MONTH(A3)>=4)*(MONTH(A3)<=9),"上半期","下半期")

MEMO 上半期か下半期かを表示する

手順❶では、セルA3の日付から取り出した月が4以上9以下の場合は「上半期」、それ以外を「下半期」と表示しています。

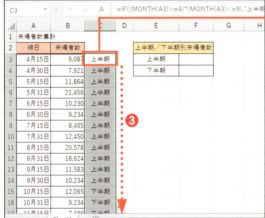

❷ 上半期と表示されます。
❸ 数式をコピーします。

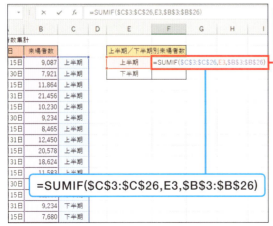

❹ 上半期の来場者数を求めるセルF3に「=SUMIF($C$3:$C$26,E3,$B$3:$B$26)」と入力すると、上半期の来場者数が求められます。
❺ 入力した数式をコピーすると、下半期の来場者数が求められます。

MEMO 来場者数を集計する

手順❹では、セル範囲C3:C26をセルE3の上半期で検索して、対応するセル範囲B3:B26の来場者数を合計しています。

SECTION
052
条件の判定

対応バージョン 2016 2013 2010 2007

TEXT
SUMIF

曜日別に集計する

SECTION 010でWEEKDAY関数を使う方法を紹介しましたが、TEXT関数で日付から曜日を取り出し、取り出した曜日をSUMIF関数の条件に指定して集計を行うこともできます。TEXT関数は、指定した数値に表示形式を設定して文字列に変換する関数です。

》 日付データから曜日を取り出して曜日ごとに集計する

書式 **=TEXT(値,表示形式)**

説明 「値」で指定した数値に「表示形式」を設定して文字列に変換します。「表示形式」には数値の書式を「""」で囲んで指定します。曜日の表示形式には右表のようなものがあります。

表示形式	表示例
aaa	月
aaaa	月曜日
ddd	Mon
dddd	Monday

書式 **=SUMIF(範囲,検索条件[,合計範囲])**

説明 「範囲」内で「検索条件」に一致するデータを検索し、対応する「合計範囲」の数値を合計します。「合計範囲」を省略した場合は、指定した「範囲」で条件を満たすセルが合計されます(P.47参照)。

	A	B	C	D	E	F	G
1	来場者数						
2	日付	人数			曜日別来場者数		
3	9/1(土)	2,541	土曜日		月曜日	2,163	
4	9/2(日)	3,210	日曜日		火曜日	2,880	
5	9/3(月)	1,074	月曜日		水曜日	3,020	
6	9/4(火)	1,341	火曜日		木曜日	2,736	
7	9/5(水)	1,503	水曜日		金曜日	3,323	
8	9/6(木)	1,352	木曜日		土曜日	4,727	
9	9/7(金)	1,620	金曜日		日曜日	6,408	
10	9/8(土)	2,186	土曜日				
11	9/9(日)	3,198	日曜日				
12	9/10(月)	1,089	月曜日				
13	9/11(火)	1,539	火曜日				
14	9/12(水)	1,517	水曜日				
15	9/13(木)	1,384	木曜日				
16	9/14(金)	1,703	金曜日				

日付から曜日を取り出し、

曜日ごとに来場者数を集計します。

144

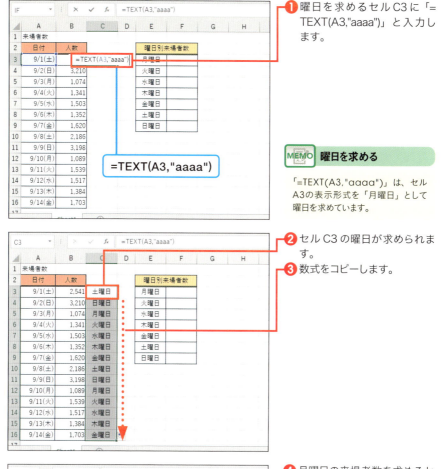

❶ 曜日を求めるセル C3 に「=TEXT(A3,"aaaa")」と入力します。

MEMO 曜日を求める

「=TEXT(A3,"aaaa")」は、セルA3の表示形式を「月曜日」として曜日を求めています。

❷ セル C3 の曜日が求められます。
❸ 数式をコピーします。

❹ 月曜日の来場者数を求めるセル F3 に「=SUMIF($C$3:$C$16,E3,$B$3:$B$16)」と入力します。
❺ 入力した数式をほかのセルにコピーすると、曜日別の来場者数が求められます。

MEMO 来場者数を求める

手順❹では、セル範囲C3:C16の中で、セルE3の「月曜日」に一致するデータを検索し、対応する曜日のセル範囲B3:B16の人数を集計しています。

SECTION 053 条件の判定

平日と土日に分けて集計する

対応バージョン: 2016 / 2013 / 2010 / 2007

WEEKDAY / **SUMIF**

日別データを平日と土日に分けて集計するには、WEEKDAY関数とSUMIF関数を組み合わせます。WEEKDAY関数を使用して日付から曜日番号を求め、この数字をSUMIF関数の条件に指定して集計を行います。

» 来場者数を平日と土曜に分けて集計する

書式 **=WEEKDAY(シリアル値[,種類])**

説明 「シリアル値」に対応する曜日を1から7までの整数で求めます。「種類」には戻り値の種類を「1」〜「3」の数値で指定します(P.58参照)。省略した場合は「1」になります。

書式 **=SUMIF(範囲,検索条件[,合計範囲])**

説明 「範囲」内で「検索条件」に一致するデータを検索し、検索結果に対応する「合計範囲」の数値を合計します。「合計範囲」を省略した場合は、指定した「範囲」で条件を満たすセルが合計されます(P.47参照)。

日付から曜日番号を求めて、

来場者数を平日と土日に分けて集計します。

146

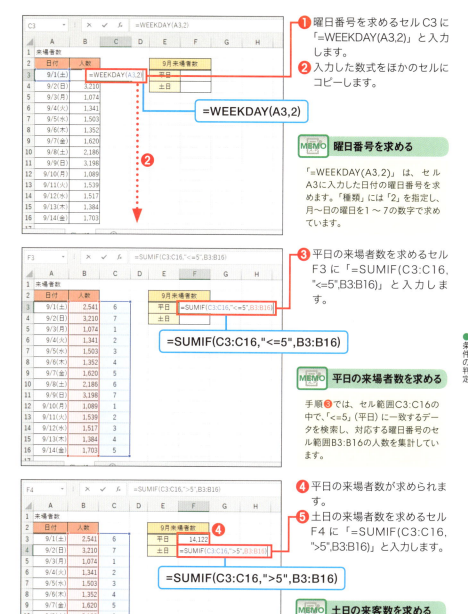

❶ 曜日番号を求めるセル C3 に「=WEEKDAY(A3,2)」と入力します。
❷ 入力した数式をほかのセルにコピーします。

曜日番号を求める

「=WEEKDAY(A3,2)」は、セル A3に入力した日付の曜日番号を求めます。「種類」には「2」を指定し、月〜日の曜日を1〜7の数字で求めています。

❸ 平日の来場者数を求めるセル F3 に「=SUMIF(C3:C16,"<=5",B3:B16)」と入力します。

平日の来場者数を求める

手順❸では、セル範囲C3:C16の中で、「<=5」(平日)に一致するデータを検索し、対応する曜日番号のセル範囲B3:B16の人数を集計しています。

❹ 平日の来場者数が求められます。
❺ 土日の来場者数を求めるセル F4 に「=SUMIF(C3:C16,">5",B3:B16)」と入力します。

土日の来客数を求める

手順❹では、セル範囲C3:C16の中で、「>5」(土日)に一致するデータを検索し、対応する曜日番号のセル範囲B3:B16の人数を集計しています。

SECTION 054 条件の判定

対応バージョン 2016 / 2013 / 2010 / 2007

土日と祝日だけを集計する

WEEKDAY / COUNTIF / SUMIFS

日別データの土日・祝日だけを集計するには、まず、WEEKDAY関数で取り出した曜日番号と、COUNTIF関数で求めた祝日の数の2つをSUMIFS関数の条件に指定して平日の集計を求めます。その集計値を合計の数値から引くと、土日・祝日を集計できます。

▶ 土日・祝日だけの来場者数を集計する

書式 =WEEKDAY(シリアル値[,種類])

説明 P.58を参照してください。

書式 =COUNTIF(検索条件範囲1,検索条件1[,検索条件範囲2,検索条件2,…])

説明 指定した「検索条件範囲」内で、複数の「検索条件」に一致するセルの個数を数えます(P.46参照)。

書式 =SUMIFS(合計対象範囲,条件範囲1,条件1[,条件範囲2,条件2,…])

説明 「条件範囲」内で複数の「条件」に一致するデータを検索し、対応する「合計対象範囲」内の数値を合計します(P.47参照)。

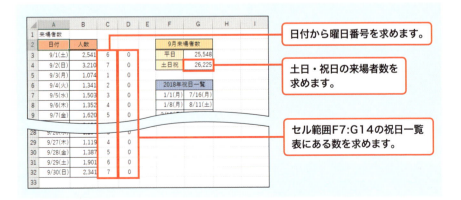

148

❶ 曜日番号を求めるセル C3 に「=WEEKDAY(A3,2)」と入力して、
❷ 入力した数式をほかのセルにコピーします。

=WEEKDAY(A3,2)

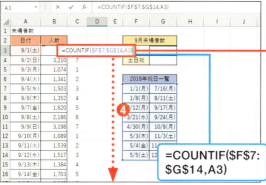

❸ 日付が祝日一覧表にある数を求めるセル D3 に「=COUNTIF($F$7:$G$14,A3)」と入力し、
❹ 入力した数式をほかのセルにコピーします。

=COUNTIF($F$7:$G$14,A3)

MEMO 祝日の数を求める

手順❸では、日付がセル範囲F7:G14の祝日にある数を求めています。祝日がある場合は、1が表示されます。祝日一覧表は別途作成しておきます。

❺ 平日の来場者数を求めるセル G3 に「=SUMIFS(B3:B32,C3:C32,"<=5",D3:D32,0)」と入力します。

=SUMIFS(B3:B32,C3:C32,"<=5",D3:D32,0)

MEMO 平日の来場者数を求める

手順❺では、セル範囲C3:C32の中で、「<=5」(平日)に一致するデータと、セル範囲D3:D32の中で「0」に一致するデータを検索し、対応する番号の人数を集計しています。

❻ 土日・祝日の来場者数を求めるセル G4 に「=SUM(B3:B32)-G3」と入力します。

=SUM(B3:B32)-G3

MEMO 土日・祝日の来場者数を求める

「=SUM(B3:B32)-G3」は、セル範囲B3:B32の人数を合計し、そこからセルG3の平日の来場者数を引いています。

SECTION 055 条件の判定

特定の曜日だけ割引価格を使って売上を集計する

対応バージョン 2016 / 2013 / 2010 / 2007

WEEKDAY
SUMPRODUCT

価格表が別の表にあるとき、それぞれの列ごとに数量と単価を掛け算して全体の合計を求めるには、SUMPRODUCT関数を使用します。特定の曜日の単価が異なる場合は、さらにWEEKDAY関数を使った条件式を追加します。

▶ 木曜日の価格を2割引きにして売上を集計する

 =WEEKDAY(シリアル値[,種類])

 「シリアル値」に対応する曜日を1から7までの整数で取り出します。「種類」には戻り値の種類を「1」～「3」の数値で指定します(P.58参照)。省略した場合は「1」になります。

 =SUMPRODUCT(配列1[,配列2,…])

 範囲または配列の対応する要素どうしを掛け合わせ、その結果を合計します(P.52参照)。

	A	B	C	D
1	価格一覧			
2	コーヒー	スープ	ジュース	
3	150	200	250	
4				
5	売上数		＊＊木曜日は2割引き	
6	日付	コーヒー	スープ	ジュース
7	8/1(水)	135	88	124
8	8/2(木)	102	41	56
9	8/3(金)	115	52	71
10	8/4(土)	123	75	86
11	8/5(日)	115	82	97
12	8/6(月)	93	65	62
13	8/7(火)	84	74	58
14	合計売上	111,990	93,760	135,700

木曜日の価格を2割引きにした、それぞれの飲料の合計売上を求めます。

❶ 商品ごとの価格表を作成します。

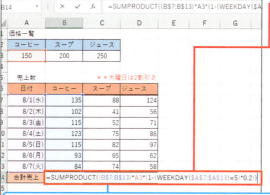

❷ 合計売上を求めるセルB14に「=SUMPRODUCT((B$7:B$13)*A3*(1-(WEEKDAY($A$7:$A$13)=5)*0.2))」と入力します。

MEMO　木曜日を2割引きにする

手順❷の数式は、セル範囲B7:B13の売上数とセルA3の価格をそれぞれ掛け算した合計を求めています。木曜日（=5）の価格は20%引きで集計しています。

=SUMPRODUCT((B$7:B$13)*A3*(1-(WEEKDAY($A$7:$A$13)=5)*0.2))

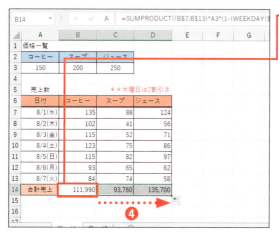

❸ 木曜日の価格を2割引きにした、コーヒーの合計売上が計算されます。
❹ 数式をほかのセルにコピーします。

対応バージョン 2016 2013 2010 2007

SECTION
056
条件の判定

YEAR
SUMPRODUCT

複数の行・列に入力された日数を数える

日付データが1列にある場合は、日付からYEAR関数で年だけを取り出し、SUMIF関数で集計することができますが（SECTION 012）、複数の行と列に入力されている場合は、YEAR関数とSUMPRODUCT関数を組み合わせます。

》 複数の行と列に入力された日付を年別に集計する

書式 =YEAR(シリアル値)

説明 「シリアル値」に対応する年を1900～9999の範囲の整数で取り出します。

書式 =SUMPRODUCT(配列1[,配列2,…])

説明 範囲または配列の対応する要素どうしを掛け合わせ、その結果を合計します（P.52参照）。

	A	B	C	D	E
1	企画会議日程				
2	企画名	販促チラシ	広報誌	ポスター	
3	第1回	2017/5/10	2017/6/16	2017/6/24	
4	第2回	2017/10/15	2017/12/28	2017/9/25	
5	第3回	2017/12/4	2018/2/20	2017/12/18	
6	第4回	2018/1/26	2018/4/27	2018/3/5	
7	第5回	2018/3/20	2018/6/28	2018/5/14	
8					
9	会議回数				
10	2017年	8			
11	2018年	7			
12					
13					
14					
15					
16					

日付データが複数の行と列に入力された表から、

年別の会議回数を求めます。

❶ 年別の会議回数を求めるセルB10に「=SUMPRODUCT((YEAR($B$3:$D$7)=A10)*1)」と入力します。

MEMO 年別に合計する

手順❶では、セル範囲B3:D7の年がセルA10の年と一致した場合に、その数を合計しています。

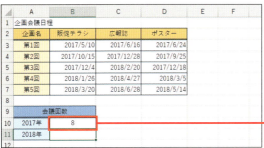

❷ 2017年の会議回数が求められます。

❸ 数式をコピーすると、2018年の会議回数が求められます。

📄 COLUMN

SUMPRODUCT関数の引数に条件式を指定する

SUMPRODUCT関数は、配列の対応する要素どうしを掛け合わせ、その結果を合計する関数ですが、ここでは引数に条件式を指定し、配列の要素が条件に一致するかどうかを判定します。判定結果は「TRUE」「FALSE」の論理値になるため、「1」を掛けて1と0の数値に変換し、1になった要素を合計します。

=SUMPRODUCT((配列の論理式)*1)

SECTION 057 条件の判定

複数年にわたるデータを月別で集計する

対応バージョン: 2016 / 2013 / 2010 / 2007

TEXT
AVERAGEIF

日付データが複数年にわたって記録されている表の場合は、MONTH関数で月を取り出して集計しただけでは正しく集計できません。この場合は、TEXT関数で日付から年月を取り出し、取り出した年月を条件に指定して集計を行います。

≫ 日付データから年月を取り出して年月別に集計する

 書式 =TEXT(値,表示形式)

 説明 「値」で指定した数値に「表示形式」を設定して文字列に変換します。「表示形式」には数値の書式を「""」で囲んで指定します。日付の表示形式には右表のようなものがあります。

表示形式	表示例
yyyy/m/d	2018/6/1
yyyy 年 mm 月 dd 日	2018 年 07 月 01 日
yy 年 m 月 d 日	18 年 7 月 1 日

書式 =AVERAGEIF(範囲,条件[,平均対象範囲])

 説明 指定した「範囲」内で「条件」に一致するデータを検索し、対応する「平均対象範囲」の数値を平均します。「平均対象範囲」を省略した場合は、「範囲」の数値が平均されます。

日付から年月を取り出し、
年月ごとの売上平均数を求めます。

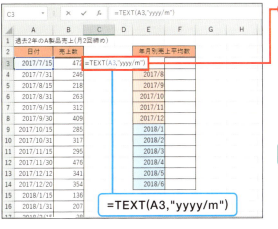

❶ 年月を求めるセルC3に「=TEXT(A3,"yyyy/m")」と入力します。

MEMO 年月を求める

「=TEXT(A3,"yyyy/m")」は、セルA3の表示形式を「2017/1」として年月を求めています。

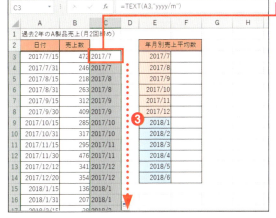

❷ 年月が表示されます。
❸ 数式をほかのセルにコピーします。

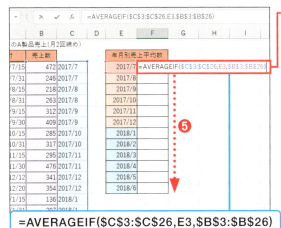

❹ 2017年7月の売上平均数を求めるセルF3に「=AVERAGEIF($C$3:$C$26,E3,$B$3:$B$26)」と入力します。
❺ 入力した数式をほかのセルにコピーすると、年月別の売上平均数が求められます。

MEMO 売上平均を求める

手順❹では、セル範囲C3:C26の中で、「2017/7」に一致するデータを検索し、対応する年月のセル範囲B3:B26にある売上数を平均しています。

155

SECTION 058 条件の判定

年月を繰り上げて合計する

対応バージョン: 2016 / 2013 / 2010 / 2007

SUM / INT / MOD

年と月が別々のセルに入力されている表でそれぞれの合計を求める場合、SUM関数だけでは月の合計を年に繰り上げることができません。この場合は、月の合計を12で割った整数部と余りを利用して集計を行います。

》年月が別々のセルに入力されている表で年月を合計する

書式 =SUM(数値1[,数値2,…])

説明 指定したセル範囲に含まれるすべての数値の合計を求めます。

書式 =INT(数値)

説明 指定した「数値」の小数点以下を切り捨てて整数にします。

書式 =MOD(数値,除数)

説明 「数値」を「除数」で割ったときの余りを求めます。

年と月が別々のセルに入力されている表で、年と月の合計を求めます。

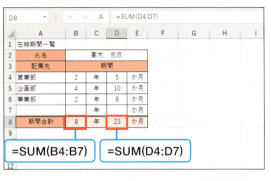

❶ SUM関数で年と月を求めても、月の合計を年に繰り上げることはできません。

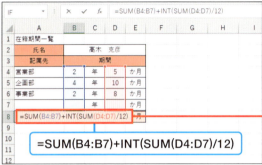

❷ 年の合計を求めるセルB8に「=SUM(B4:B7)+INT(SUM(D4:D7)/12)」と入力します。

MEMO 年の合計を求める

「=SUM(B4:B7)+INT(SUM(D4:D7)/12)」は、セル範囲D4:D7の月の合計を12で割り、その整数部をセル範囲B4:B7の年の合計にプラスしています。

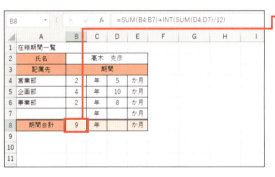

❸ 年の合計が求められます。

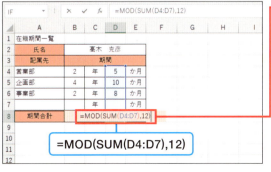

❹ 月の合計を求めるセルD8に「=MOD(SUM(D4:D7),12)」と入力すると、
❺ 月の合計から年数分が繰り上がった月数が求められます。

MEMO 月の合計を求める

「=MOD(SUM(D4:D7),12)」は、セル範囲D4:D7の月の合計を12で割った余りを月数として求めています。

157

SECTION 059 条件の判定

0を含む表で0を除く最小値を求める

COUNTIF
SMALL

0を含む表で最小値を求めると、通常は「0」が求められます。「0」を除いた最小値を求めたいときは、COUNTIF関数とSMALL関数を組み合わせます。COUNTIF関数で条件に一致するセルの個数を求め、SMALL関数でその順位にある数値を求めます。

≫ 0を除く最小値を求める

 書式 =COUNTIF(範囲,検索条件)

 説明 指定した「範囲」の中から、「検索条件」に一致するセルの個数を数えます（P.46参照）。

 書式 =SMALL(配列,順位)

 説明 小さいほうから数えた順位の値を求めます。「配列」には順位の対象となるデータが入力されている配列、またはセル範囲を指定します。

	A	B	C	D	E	F	G
1	歩数測定表						
2	日付	歩数	備考		最小歩数	5463	
3	7月1日	24125	出張				
4	7月2日	9201					
5	7月3日	8375					
6	7月4日	0	歩数計忘れ				
7	7月5日	7421					
8	7月6日	11367					
9	7月7日	0	リセット				
10	7月8日	6131					
11	7月9日	5463					
12	7月10日	5597					

「歩数」の0を除いた最小値を求めます。

❶ 0を含む表で最小歩数を求めると、通常は「0」が求められます。

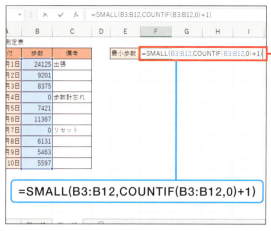

❷ 最小歩数を求めるセルF2に「=SMALL(B3:B12,COUNTIF(B3:B12,0)+1)」と入力します。

MEMO　0より大きい最小値を求める

手順❷では、セル範囲B3:B12の中にある「0」の個数をCOUNTIF関数で求めて1をプラスし、0の次に小さい数値を取り出しています。

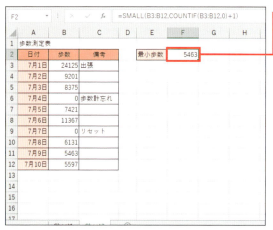

❸ 0を除く最小歩数が求められます。

SECTION 060 条件の判定

同じ数値を含む表で各順位の数値を求める

対応バージョン： 2016 / 2013 / 2010 / 2007

同じ数値を含む表で、数値の小さいほう、あるいは大きいほうから順位を求めた場合、次の順位も同じ数値で求められます。正しく次の順位を求めるには、MIN関数やMAX関数を使用して条件式を作成し、配列数式で求めます。

≫ 同じ数値を含む表で、数値の大きいほうから順位を求める

書式 =LARGE(配列,順位)

説明 大きいほうから数えた順位の値を求めます。「配列」には順位の対象となるデータが入力されている配列、またはセル範囲を指定します。

書式 =IF(論理式[,真の場合][,偽の場合])

説明 条件によって処理を振り分けます。「論理式」には、結果がTRUE(真)またはFALSE(偽)になるような条件式を指定します。「真の場合」には条件式がTRUEの場合の処理を、「偽の場合」にはFALSEの場合の処理を指定します(P.42参照)。

書式 =MAX(数値1[,数値2,…])

説明 数値の最大値を求めます。

同じ数値を含む表で、数値の大きいほうから順位を正しく求めます。

❶ LARGE関数で得点の高い順に順位を求めると、1位と2位が同じ得点で求められます。

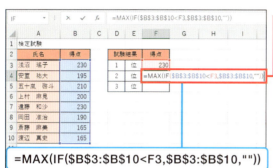

❷ 2位を求めるセルF4に「=MAX(IF($B$3:$B$10<F3,$B$3:$B$10,""))」と入力して、
❸ Ctrl + Shift + Enter を押します。

MEMO 2位の値を求める

手順❷では、セル範囲B3:B10の得点がセルF3の得点より少ない場合に、セル範囲B3:B10の得点の最大値を求めています。

❹ 2位の得点が正しく求められます。
❺ 数式をコピーすると3位の得点が求められます。

COLUMN

数値の小さいほうから順位を求める

同じ数値を含む表で、数値の小さいほうから順位を求めるには、SMALL関数を使用して順位を求めたあと、MIN関数を使用して順位を正しく求めます。

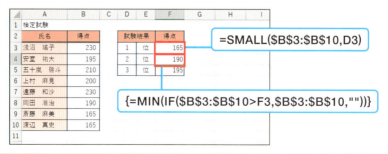

161

SECTION 061 条件の判定

重複していないデータの数を求める

対応バージョン： 2016 / 2013 / 2010 / 2007

`COUNTIF` `SUMIF`

表の中に重複しているデータがある場合に、重複を除いたデータの数を求めるには、COUNTIF関数とSUMIF関数を組み合わせます。COUNTIF関数でデータが重複しているかどうかを調べ、SUMIF関数で重複していないデータの数を求めます。

≫ 重複を除いたデータの数を求める

 書式　**=COUNTIF(範囲,検索条件)**

 説明　指定した「範囲」内で「検索条件」に一致するセルの個数を数えます（P.46参照）。

 書式　**=SUMIF(範囲,検索条件[,合計範囲])**

 説明　「範囲」内で「検索条件」に一致するデータを検索し、対応する「合計範囲」の数値を合計します。「合計範囲」を省略した場合は、指定した「範囲」で条件を満たすセルが合計されます（P.47参照）。

重複しているかどうかを調べて、
重複を除いたデータの数を求めます。

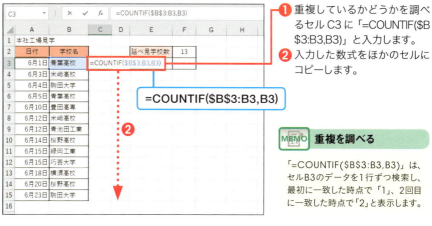

❶ 重複しているかどうかを調べるセルC3に「=COUNTIF($B$3:B3,B3)」と入力します。

❷ 入力した数式をほかのセルにコピーします。

MEMO 重複を調べる

「=COUNTIF($B$3:B3,B3)」は、セルB3のデータを1行ずつ検索し、最初に一致した時点で「1」、2回目に一致した時点で「2」と表示します。

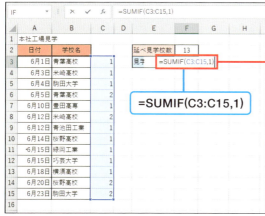

❸ 重複を除くデータを求めるセルF3に「=SUMIF(C3:C15,1)」と入力すると、重複していないデータの数が求められます。

MEMO 重複していない値を求める

「=SUMIF(C3:C15,1)」は、セル範囲C3:C15内にある値「1」を合計しています。「1」だけを集計することで、重複していないデータの数を数えられます。

COLUMN

COUNTIF関数を使用する

ここでは、SUMIF関数を使用して重複していないデータの数を求めましたが、COUNTIF関数を使用して求めることもできます。SUMIF関数ではセル範囲C3:C15の「1」を合計しますが、COUNTIF関数は「1」のセルの数を数えます。

SECTION 062 条件の判定

対応バージョン 2016 / 2013 / 2010 / 2007

COUNTIFS
COUNTIF

複数の条件をもとに重複を除く値を数える

複数条件をもとに重複していないデータの数を数えるには、COUNTIFS関数とCOUNTIF関数を組み合わせます。COUNTIFS関数で複数の条件で重複しているかどうかを調べ、COUNTIF関数で重複していないデータの数を数えます。

≫ 複数条件で重複を除いたデータの数を数える

書式 =COUNTIFS(検索条件範囲1,検索条件1[,検索条件範囲2,検索条件2,…])

説明 指定した「検索条件範囲」内で、複数の「検索条件」に一致するセルの個数を数えます(P.46参照)。

書式 =COUNTIF(範囲,検索条件)

説明 指定した「範囲」内で「検索条件」に一致するセルの個数を数えます(P.46参照)。

複数の条件で重複しているデータを除いて、

重複していないデータの数を数えます。

164

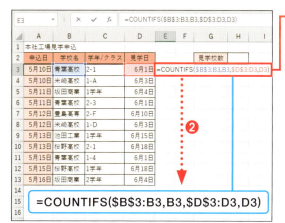

❶ 重複しているかどうかを調べるセルE3に「=COUNTIFS($B$3:B3,B3,$D$3:D3,D3)」と入力します。
❷ 入力した数式をほかのセルにコピーします。

MEMO 複数条件で重複を調べる

手順❶では、セルB3とセルD3のデータをそれぞれ1行ずつ検索し、最初に一致した時点で「1」、2回目に一致した時点で「2」、3回目に一致した時点で「3」と表示します。

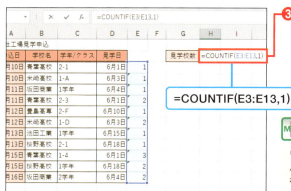

❸ 重複を除くデータを数えるセルH2に「=COUNTIF(E3:E13,1)」と入力すると、重複していないデータの数が求められます。

MEMO 重複を除く値を数える

「=COUNTIF(E3:E13,1)」は、セル範囲E3:E13内にある重複していない値「1」の数を数えています。

COLUMN

重複した値を数える

ここでは重複していないデータの数を数えましたが、逆に重複したデータの数を数えるには、COUNTIF関数で「検索条件」の「2」に一致するセルの個数を数えます。

SECTION 063 条件の判定
指定したシートが存在するかどうかを調べる

対応バージョン: 2016 / 2013 / 2010 / 2007

INDIRECT
IFERROR

指定したワークシートがブックの中に存在するかどうかを調べるには、INDIRECT関数とIFERROR関数を組み合わせます。セルに入力したシート名をINDIRECT関数で参照し、IFERROR関数でワークシートが存在するかどうかを調べます。

≫ セルに入力したシート名からシートの有無を調べる

書式 =INDIRECT(参照文字列[,参照形式])

説明 「参照文字列」で指定したセル範囲を介し、ほかのセル範囲の内容を参照します。「参照形式」は、セル参照にR1C1形式のセルアドレスを使用したいときに「FALSE」を指定します。通常のA1形式の場合は省略可能です。

書式 =IFERROR(値,エラーの場合の値)

説明 「値」がエラーの場合は「エラーの場合の値」を返し、エラーでない場合は「値」を返します。

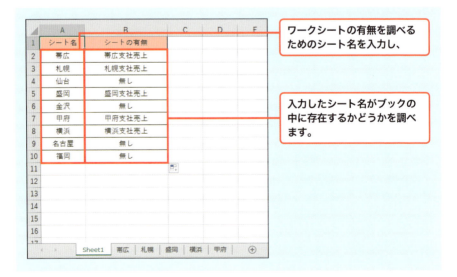

ワークシートの有無を調べるためのシート名を入力し、

入力したシート名がブックの中に存在するかどうかを調べます。

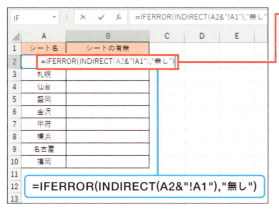

❶ ワークシートの有無を調べるセル B2 に「=IFERROR(INDIRECT(A2&"!A1"),"無し")」と入力します。

MEMO　シートの有無を調べる

手順❶では、セルA2のシート名と別シートのセルアドレスA1を連結してINDIRECT関数で参照し、シートが存在する場合はそのシートのセルA1の値を、存在しない場合は「無し」を表示します。

❷ 1つ目のワークシートの有無が表示されます。
❸ 数式をほかのセルにコピーします。

COLUMN

ISERROR関数を使用する

ここでは数式がエラーになるかどうかをIFERROR関数で判定しましたが、ISERROR関数（P.92参照）を使用して判定することもできます。

COLUMN

データベース関数

データベース関数は、データベース形式の表から条件に一致するデータを検索し、指定したフィールド(列)にある数値を集計する関数です。先頭に「D」が付きます。データベース形式の表とは、レコード(1件分のデータ)とフィールド(1列分のデータ)で構成され、先頭行に列の見出し(フィールド名)が入力されている一覧表のことをいいます。引数には、「データベース」「フィールド」「検索条件」の3つを指定します。データベース関数を使うには、検索条件を入力する欄を別途用意しておく必要があります。

データベース関数

関数	内容
DAVERAGE	条件を満たすレコードの平均値を返します
DCOUNT	条件を満たすレコードの中で数値が入力されているセルの個数を返します
DCOUNTA	条件を満たすレコードの中の空白でないセルの個数を返します
DGET	指定された条件を満たす1つの値を抽出します
DMAX	条件を満たすレコードの最大値を返します
DMIN	条件を満たすレコードの最小値を返します
DRPODUCT	条件を満たすレコードの特定のフィールドの積を返します
DSTDEV	指定された条件を満たすレコードを母集団の標本とみなして、母集団に対する標準偏差を返します
DSTDEVP	条件を満たすレコードを母集団全体とみなして、母集団の標準偏差を返します
DSUM	条件を満たすレコードの合計を返します
DVAR	条件を満たすレコードを母集団の標本とみなして、母集団に対する分散を返します
DVARP	条件を満たすレコードを母集団全体とみなして、母集団の分散を返します

第 **4** 章

データを検索・抽出する
組み合わせ技

| 対応バージョン | 2016 | 2013 | 2010 | 2007 |

SECTION 064
データの検索・抽出

検索値をもとに別表を検索する

COLUMN
VLOOKUP
ROW
HLOOKUP

データを縦方向に検索して指定した列の値を取り出すにはVLOOKUP関数を、横方向に検索して指定した行の値を取り出すにはHLOOKUP関数を使用します。VLOOKUP関数の引数「列番号」には、列番号を数値で指定するほかに、COLUMN関数を使用することもできます。

》 表の中から該当するデータを取り出す

書式 =COLUMN([参照])

説明 指定したセル範囲の列番号を求めます。「参照」を省略すると、COLUMN関数が入力されているセルの列番号が求められます（P.49参照）。

書式 =VLOOKUP(検索値,範囲,列番号[,検索方法])

説明 「検索値」を「範囲」の左端列で検索し、「列番号」に指定した列のデータを取り出します。「検索方法」には「1(TRUE)」(省略可) または「0(FALSE)」を指定します（P.53参照）。

書式 =HLOOKUP(検索値,範囲,行番号[,検索方法])

説明 「検索値」を「範囲」の上端行で検索し、「行番号」に指定した行のデータを取り出します。「検索方法」には「1(TRUE)」(省略可) または「0(FALSE)」を指定します。

	A	B	C	D	E	F	G
1	検索						
2	社員番号	氏名	所属	内線	携帯電話		
3	18004	小森　潤太郎	営業部	1354	090-9999-0000		
4							
5	2018年新入社員						
6	社員番号	氏名	所属	内線	携帯電話		
7	18001	井上　洋祐	営業部	1355	090-2233-3344		
8	18002	遠藤　和沙	事業部	5733	090-1133-9865		
9	18003	栗田　一平	営業部	1320	090-4567-8900		
10	18004	小森　潤太郎	営業部	1354	090-9999-0000		
11	18005	上村　麻見	事業部	5711	090-0000-1111		
12	18007	滝宮　楓太	営業部	1330	090-3333-2222		
13	18009	浅沼　瑞子	事業部	5726	080-1234-5678		

社員番号を入力すると、

氏名、所属、内線、携帯電話が自動的に表示されるようにします。

170

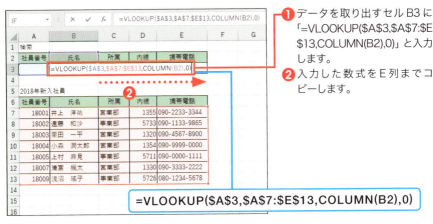

❶ データを取り出すセルB3に「=VLOOKUP($A$3,$A$7:$E$13,COLUMN(B2),0)」と入力します。

❷ 入力した数式をE列までコピーします。

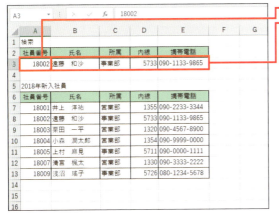

❸ 社員番号を入力すると、

❹ 対応する氏名、所属、内線、携帯電話が取り出されます。

> **MEMO 対応するデータを取り出す**
>
> 手順❶では、セルA3に入力したデータをセル範囲A7:E13から取り出します。「列番号」はCOLUMN関数で指定し、数式のコピーで連続した列を指定できるようにしています。

COLUMN

表の中から1列分のデータを取り出す

表を縦方向に検索してデータを取り出すときはVLOOKUP関数を使用しますが、表を横方向に検索する場合は、HLOOKUP関数を使用します。ここでは、HLOOKUP関数に指定する「行番号を」数値の代わりにROW関数（P.48参照）で求めて、1件分のデータを取り出しています。

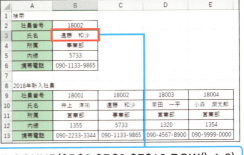

=HLOOKUP($B$2,$B$9:$E$13,ROW()-1,0)

SECTION 065 データの検索・抽出

対応バージョン 2016 / 2013 / 2010 / 2007

エラーになる場合は何も表示しない

VLOOKUP / IFERROR / IF

VLOOKUP関数では、数式をコピーしたセルに未入力の行があったり、検索値に該当する値がなかったりした場合は、エラー値が表示されます。エラー値を表示したくない場合は、IFERROR関数を使用して、エラーになる場合は何も表示しないようにします。

≫ エラーになる場合はセルを空白にする

書式 =VLOOKUP(検索値,範囲,列番号[,検索方法])

説明 P.53を参照してください。

書式 =IFERROR(値,エラーの場合の値)

説明 「値」がエラーの場合は「エラーの場合の値」を返し、エラーでない場合は「値」を返します。

書式 =IF(論理式[,真の場合][,偽の場合])

説明 P.42を参照してください。

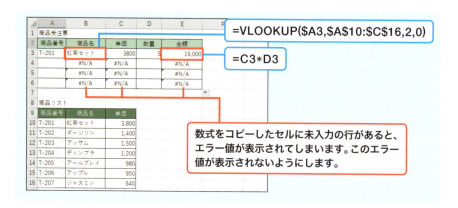

=VLOOKUP($A3,$A$10:$C$16,2,0)
=C3*D3

数式をコピーしたセルに未入力の行があると、エラー値が表示されてしまいます。このエラー値が表示されないようにします。

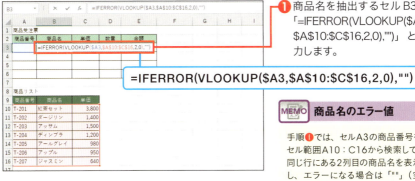

❶ 商品名を抽出するセルB3に「=IFERROR(VLOOKUP($A3,$A$10:$C$16,2,0),"")」と入力します。

MEMO 商品名のエラー値

手順❶では、セルA3の商品番号をセル範囲A10：C16から検索して、同じ行にある2列目の商品名を表示し、エラーになる場合は「""」（空文字）を表示するようにしています。

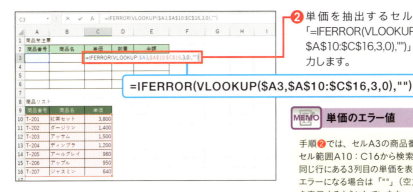

❷ 単価を抽出するセルC3に「=IFERROR(VLOOKUP($A3,$A$10:$C$16,3,0),"")」と入力します。

MEMO 単価のエラー値

手順❷では、セルA3の商品番号をセル範囲A10：C16から検索して、同じ行にある3列目の単価を表示し、エラーになる場合は「""」（空文字）を表示するようにしています。

❸ 金額を計算するセルE3に「=IF(D3="","",C3*D3)」と入力します。

MEMO 金額のエラー値

「=IF(D3="","",C3*D3)」は、セルD3が未入力の場合は「""」（空文字）を、入力されている場合は「C3*D3」を実行するようにしています。

❹ それぞれのセルに入力した数式をコピーすると、エラー値が表示されなくなります。

173

SECTION 066 複数の条件に一致するデータを検索する

データの検索・抽出　　　　VLOOKUP　　対応バージョン 2016 2013 2010 2007

VLOOKUP関数で指定できる検索値は通常は1つです。複数の検索値を指定して検索したい場合は、検索値を「&」で結合して1つの検索値にし、それをもとにデータの検索と抽出を行います。&は文字列を連結する文字列連結演算子です。

複数の条件でデータを検索する

書式 =VLOOKUP(検索値,範囲,列番号[,検索方法])

説明 「検索値」を「範囲」の左端列で検索し、「列番号」に指定した列のデータを取り出します。「検索方法」には「1(TRUE)」(省略可) または「0(FALSE)」を指定します(P.53参照)。

売上月と店舗名を入力すると、

売上金額が表示されるようにします。

❶ セルC3に「=A3&B3」と入力します。

=A3&B3

MEMO 検索値を結合する

「=A3&B3」は、セルA3の売上月とセルB3の店舗名を結合して1つの検索値にしています。

❷ 入力した数式をそのほかのセルにコピーします。

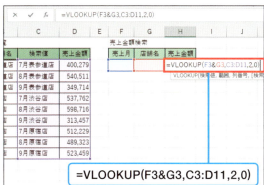

❸ 検索結果を表示するセルH3に「=VLOOKUP(F3&G3,C3:D11,2,0)」と入力します。

> **MEMO　売上金額を抽出する**
>
> 「=VLOOKUP(F3&G3,C3:D11,2,0)」は、セルF3とG3で指定したデータをセル範囲C3:D11から検索し、同じ行にある2列目の売上金額を取り出します。

❹ 売上月と店舗名を入力すると、
❺ 条件に一致するデータが表示されます。

COLUMN

エラー値を表示しない

VLOOKUP関数では、検索値を指定していない場合や該当する値がなかった場合、エラー値が表示されます。エラーを表示させないようにするには、IFERROR関数を使用します（P.172参照）。

175

SECTION 067 複数の表から一致するデータをすべて取り出す

データの検索・抽出

対応バージョン：2016 / 2013 / 2010 / 2007

INDIRECT
VLOOKUP

VLOOKUP関数では、複数の表のセル範囲を同時に「範囲」に指定することはできません。この場合は、INDIRECT関数と組み合わせます。あらかじめ参照する表に範囲名（名前）を付け、この範囲名を参照して検索する表を切り替え、データを取り出します。

複数の表を切り替えてデータを抽出する

書式 =INDIRECT(参照文字列[,参照形式])

説明 「参照文字列」で指定したセル範囲を介し、ほかのセル範囲の内容を参照します。「参照形式」は、セル参照にR1C1形式のセルアドレスを使用したいときに「FALSE」で指定します（通常のA1形式の場合は省略可）。

書式 =VLOOKUP(検索値,範囲,列番号[,検索方法])

説明 「検索値」を「範囲」の左端列で検索し、「列番号」に指定した列のデータを取り出します。「検索方法」には「1(TRUE)」（省略可）または「0(FALSE)」を指定します（P.53参照）。

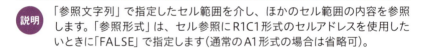

コースを指定して、

東京と横浜の利用者数を取り出し、合計を計算します。

❶ 範囲名（名前）を付けるセル範囲を選択して、
❷ 名前ボックスに範囲名を入力し、Enterを押します。

MEMO 範囲名を付ける

ここでは、東京の利用者数の表に「東京」、横浜の利用者数の表に「横浜」という範囲名を付けています。

❸ 東京の利用者数を取り出すセルB3に「=VLOOKUP(B$2,INDIRECT($A3),2,0)」と入力します。

MEMO 利用者数を取り出す

「=VLOOKUP(B$2,INDIRECT($A3),2,0)」は、INDIRECT関数でセルA3の文字列をセル範囲に変換し、セルB2に一致する行の2列目の人数を取り出します。

❹ 入力した数式を横浜の利用者数を取り出すセルにコピーします。
❺ 合計を計算するセルB5に「=SUM(B3:B4)」と入力します。

❻ コースを入力すると、
❼ 東京と横浜のコース別利用者数が表示され、合計が計算されます。

SECTION 068 データの検索・抽出

複数のシートに分かれた表を1つにまとめる

`INDIRECT` `VLOOKUP`

対応バージョン 2016 / 2013 / 2010 / 2007

複数のシートに分かれた表のデータを1つの表にまとめるには、VLOOKUP関数とINDIRECT関数を組み合わせます。INDIRECT関数で検索値に応じて各シートを切り替え、指定した列のデータを取り出します。取り出す表の行数や列数、構成要素は同じにする必要があります。

▶ 複数のシートにまたがる表のデータを1つにまとめる

書式 =INDIRECT(参照文字列[,参照形式])

説明 「参照文字列」で指定したセル範囲を介し、ほかのセル範囲の内容を参照します。「参照形式」は、セル参照にR1C1形式のセルアドレスを使用したいときに「FALSE」で指定します(通常のA1形式の場合は省略可)。

書式 =VLOOKUP(検索値,範囲,列番号[,検索方法])

説明 「検索値」を「範囲」の左端列で検索し、「列番号」に指定した列のデータを取り出します。「検索方法」には「1(TRUE)」(省略可) または「0(FALSE)」を指定します(P.53参照)。

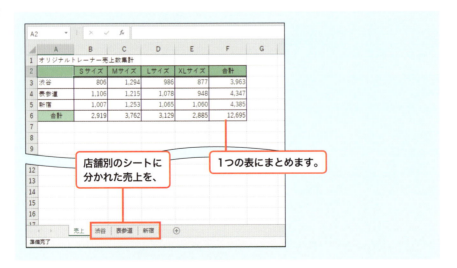

店舗別のシートに分かれた売上を、

1つの表にまとめます。

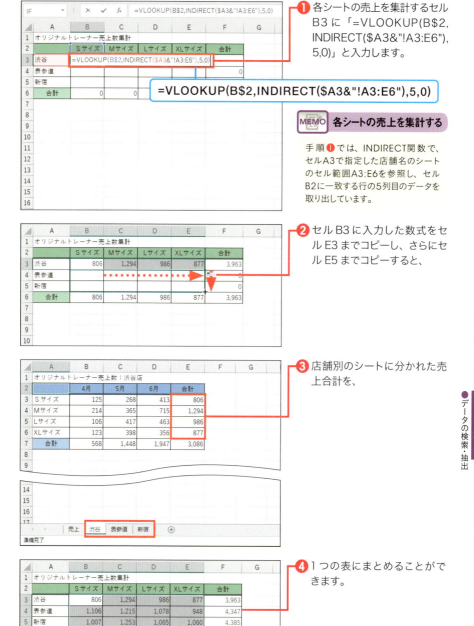

SECTION 069 表のデータの縦横を入れ替える

データの検索・抽出

対応バージョン: 2016 / 2013 / 2010 / 2007

COLUMNS
ROWS
INDEX

表の縦と横を入れ替える場合、コピーと貼り付けのオプションを利用するとかんたんに行えますが、この方法では、もとの表の修正は入れ替えた表に反映されません。関数を使用して入れ替えると、もとの表と連動させることができます。

≫ 表の縦横を入れ替える

書式 =COLUMNS(配列)

説明 「配列」に指定したセル範囲の列数を求めます。

書式 =ROWS(配列)

説明 「配列」に指定したセル範囲の行数を求めます。

書式 =INDEX(配列,行番号[,列番号])

説明 「行番号」と「列番号」が交差する位置にあるセル参照を求めます。「配列」が1行や1列の場合は、行番号や列番号を省略できます(P.50参照)。

表の縦横を入れ替え、入れ替えた表に書式を設定します。

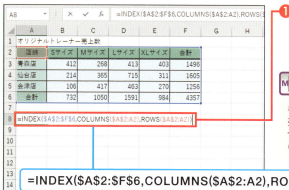

❶ 表を入れ替える左上のセル A8 に「=INDEX($A$2:$F$6,COLUMNS($A$2:A2),ROWS($A$2:A2))」と入力します。

MEMO 表を入れ替える

手順❶では、COLUMNS関数で列数を、ROWS関数で行数を求めて、INDEX関数で表のデータを取り出します。

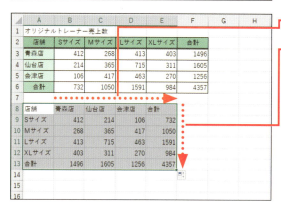

❷ 入力した数式をもとの表の行数分だけ横にコピーします。
❸ コピーした数式をもとの表の列数分だけ縦にコピーします。
❹ 書式を設定して表を完成させます。

MEMO 書式はコピーされない

関数を使用して表を入れ替えた場合、もとの表の書式は引き継がれません。表の書式は、表を入れ替えたあとで適宜設定します。

COLUMN

TRANSPOSE関数を利用する

ここで解説した方法のほかに、TRANSPOSE関数を使用して入れ替えることもできます。あらかじめ表の範囲を選択してから「=TRANSPOSE(A2:F6)」と入力し、Ctrl+Shift+Enterを押して配列数式にします。

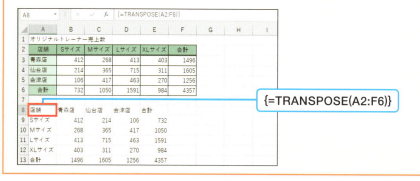

SECTION 070 最小値／最大値だけを取り出した表を作成する

データの検索・抽出

対応バージョン 2016 / 2013 / 2010 / 2007

MAX
MIN
MATCH
INDEX

表から最大値と最小値を数値ではなく、項目名で取り出すには、MAX関数あるいはMIN関数と、MATCH関数、INDEX関数を組み合わせます。MAX関数で最大値、MIN関数で最小値を指定して、MATCH関数でセルの位置を求め、INDEX関数で項目名を取り出します。

≫ 最大値と最小値を項目名で取り出す

 書式 =MAX(数値1[,数値2,…])

 説明 数値の最大値を求めます。

 書式 =MIN(数値1[,数値2,…])

 説明 数値の最小値を求めます。

 書式 =MATCH(検査値,検査範囲[,照合の種類])

 説明 「照合の種類」に従って「検査範囲」内を検索し、「検査値」と一致するセルの相対的な位置を求めます。「照合の種類」に「0」を指定すると検査値と完全に一致する値を、省略するか「1」を指定すると検査値以下の最大値、「-1」を指定すると検査値以上の最小値が検索されます(P.51参照)。

 書式 =INDEX(配列,行番号[,列番号])

 説明 「行番号」と「列番号」が交差する位置にあるセル参照を求めます。「配列」が1行や1列の場合は、行番号や列番号を省略できます(P.50参照)。

金額の最大値と最小値を商品名で取り出します。

❶ 最大値を取り出すセルF3に「=INDEX(A3:A11,MATCH(MAX(D3:D11),D3:D11,0))」と入力します。

MEMO 最大値を商品名で取り出す

手順❶では、金額の最大値がセル範囲D3:D11の中の何番目にあるかを求め、その位置にある商品名を取り出しています。

`=INDEX(A3:A11,MATCH(MAX(D3:D11),D3:D11,0))`

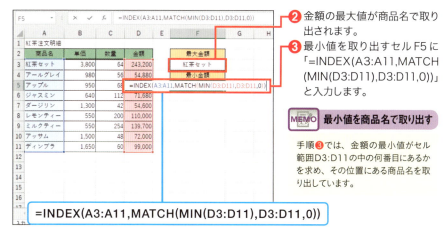

❷ 金額の最大値が商品名で取り出されます。

❸ 最小値を取り出すセルF5に「=INDEX(A3:A11,MATCH(MIN(D3:D11),D3:D11,0))」と入力します。

MEMO 最小値を商品名で取り出す

手順❸では、金額の最小値がセル範囲D3:D11の中の何番目にあるかを求め、その位置にある商品名を取り出しています。

`=INDEX(A3:A11,MATCH(MIN(D3:D11),D3:D11,0))`

❹ 金額の最小値が商品名で取り出されます。

183

| SECTION | 対応バージョン | 2016 | 2013 | 2010 | 2007 |

SECTION 071

データの検索・抽出

重複したデータを別表に抽出する

COUNTIF
ROW
IF
INDEX

表の中にある重複データを別の表に取り出すには、まず、COUNTIF関数、ROW関数、IF関数を使用して同じ値が2個以上あるデータの表内の位置を求めます。次に、求めた位置のデータをINDEX関数で取り出します。

» 重複したデータを別の表に取り出す

書式 **=COUNTIF(範囲,検索条件)**

説明 指定した「範囲」内で「検索条件」に一致するセルの個数を数えます(P.46参照)。

書式 **=ROW([参照])**

説明 指定したセルの行番号を求めます。「参照」には、行番号を調べるセルまたはセル範囲を指定します。省略すると、ROW関数を入力したセルの行番号が求められます(P.48参照)。

書式 **=IF(論理式[,真の場合][,偽の場合])**

説明 条件によって処理を振り分けます。「論理式」には、結果がTRUE(真)またはFALSE(偽)になるような条件式を指定します。「真の場合」には条件式がTRUEの場合の処理を、「偽の場合」にはFALSEの場合の処理を指定します(P.42参照)。

書式 **=SMALL(配列,順位)**

説明 小さいほうから数えた順位の値を求めます。「配列」には順位の対象となるデータが入力されている配列、またはセル範囲を指定します。

書式 **=INDEX(配列,行番号[,列番号])**

説明 「行番号」と「列番号」が交差する位置にあるセル参照を求めます。「配列」が1行や1列の場合は、行番号や列番号を省略できます(P.50参照)。

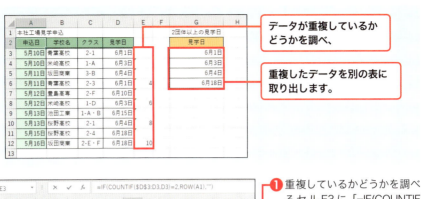

データが重複しているかどうかを調べ、

重複したデータを別の表に取り出します。

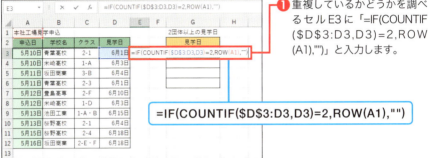

❶ 重複しているかどうかを調べるセル E3 に「=IF(COUNTIF($D$3:D3,D3)=2,ROW(A1),"")」と入力します。

=IF(COUNTIF($D$3:D3,D3)=2,ROW(A1),"")

❷ 数式をコピーすると、同じ見学日が2個ある場合は、表内の位置（何番目か）が表示されます。

MEMO 重複データを調べる

手順❶では、D列に同じデータがある場合、表内の何番目にあるかを表示します。

❸ 重複したデータを取り出すセル G3 に「=INDEX($D$3:$D$12,SMALL($E$3:$E$12,ROW(A1)))」と入力します。

❹ 数式をE列で求めた数（ここでは4個）だけコピーすると、重複したデータが取り出されます。

=INDEX($D$3:$D$12,SMALL($E$3:$E$12,ROW(A1)))

SECTION 072 データの検索・抽出

メールアドレスやURLを リンク付きで抽出する

対応バージョン：2016 / 2013 / 2010 / 2007

VLOOKUP
HYPERLINK

メールアドレスやURLを入力すると、ハイパーリンク（リンク）が自動的に表示されますが、VLOOKUP関数で取り出すと、リンクが外れてしまいます。メールアドレスやURLを、リンクを付けたまま取り出すには、HYPERLINK関数を使用します。

» メールアドレスをハイパーリンク付きで取り出す

書式 =VLOOKUP(検索値,範囲,列番号[,検索方法])

説明 「検索値」を「範囲」の左端列で検索し、「列番号」に指定した列のデータを取り出します。「検索方法」には「1(TRUE)」(省略可) または「0(FALSE)」を指定します(P.53参照)。

書式 =HYPERLINK(リンク先[,別名])

説明 LANやインターネットなどのネットワーク上にあるコンピューターに格納されているファイルへのリンクを作成します。「リンク先」には、ファイルを開くためのパス、ファイル名などを、「別名」にはセルに表示する文字列または数値を指定します。省略した場合は「リンク先」の内容が表示されます。

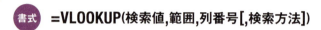

メールアドレスにハイパーリンクを付けて取り出します。

❶ 「=VLOOKUP(A3,A7:B14,2,0)」と入力してメールアドレスを取り出すと、ハイパーリンクが外れてしまいます。

MEMO メールアドレスを取り出す

「=VLOOKUP(A3,A7:B14,2,0)」は、セル範囲A7:B14からセルA3の氏名を検索し、同じ行にある2列目のメールアドレスを取り出しています。

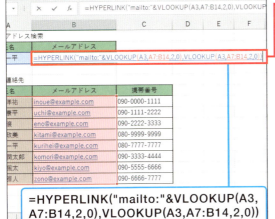

❷ メールアドレスを取り出すセルB3に「=HYPERLINK("mailto:"&VLOOKUP(A3,A7:B14,2,0),VLOOKUP(A3,A7:B14,2,0))」と入力します。

MEMO リンク付きで取り出す

手順❷では、セル範囲A7:B14からセルA3の氏名を検索し、同じ行にある2列目のメールアドレスにハイパーリンクを付けて取り出しています。

📎 COLUMN

URLをリンク付きで取り出す

URLをハイパーリンク付きで取り出す場合は、「=HYPERLINK(VLOOKUP(A3,A7:B7,2,0))」と入力します。

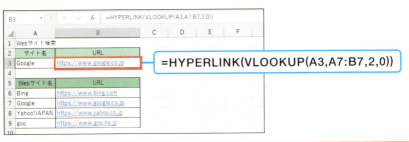

187

対応バージョン 2016 / 2013 / 2010 / 2007

SECTION
073
データの検索・抽出

VLOOKUP関数を使わずに
クロス表からデータを抽出する

MATCH
INDEX

VLOOKUP関数を使用せずに、クロス表から行番号と列番号を指定して、交差するデータを取り出すには、MATCH関数とINDEX関数を組み合わせます。MATCH関数で、それぞれの条件を満たす行と列を求め、INDEX関数でそのデータを取り出します。

≫ 行番号と列番号を使って値を求める

書式 =MATCH(検査値,検査範囲[,照合の種類])

説明 「照合の種類」に従って「検査範囲」内を検索し、「検査値」と一致するセルの相対的な位置を求めます。「照合の種類」に「0」を指定すると検査値と完全に一致する値を、省略するか「1」を指定すると検査値以下の最大値、「-1」を指定すると検査値以上の最小値が検索されます(P.51参照)。

書式 =INDEX(配列,行番号[,列番号])

説明 「行番号」と「列番号」が交差する位置にあるセル参照を求めます。「配列」が1行や1列の場合は、行番号や列番号を省略できます(P.50参照)。

	A	B	C	D	E	F
1	店舗別売上数					
2	店舗名	会津店				
3	サイズ	Mサイズ				
4	売上数	417				
5						
6	店舗別売上数					
7	店舗名	Sサイズ	Mサイズ	Lサイズ	XLサイズ	合計
8	青森店	245	268	413	403	1329
9	仙台店	214	365	715	311	1605
10	会津店	106	417	463	270	1256
11	水戸店	168	319	619	342	1448
12	前橋店	245	387	583	209	1424
13	高崎店	370	241	467	197	1275
14						
15						
16						

店舗名とサイズを指定すると、

対応する売上数が表示されるようにします。

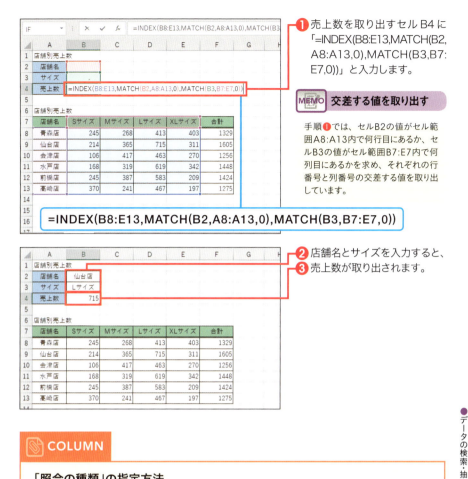

❶ 売上数を取り出すセル B4 に「=INDEX(B8:E13,MATCH(B2,A8:A13,0),MATCH(B3,B7:E7,0))」と入力します。

MEMO 交差する値を取り出す

手順❶では、セルB2の値がセル範囲A8:A13内で何行目にあるか、セルB3の値がセル範囲B7:E7内で何列目にあるかを求め、それぞれの行番号と列番号の交差する値を取り出しています。

❷ 店舗名とサイズを入力すると、
❸ 売上数が取り出されます。

COLUMN

「照合の種類」の指定方法

ここでは、「照合の種類」に「0」(完全一致) を指定しましたが、完全一致ではなく「〜以上」などの場合は、「1」を指定 (または省略) して、「検査値」以下の最大値を検索してその位置を求めます。この場合は、「検査範囲」のデータを昇順に並べておく必要があります。

SECTION 074 データを無作為に抽出する

データの検索・抽出

対応バージョン：2016 / 2013 / 2010 / 2007

COUNTA / RANDBETWEEN / COLUMN

データを無作為に抽出するには、RANDBETWEEN関数を使用します。RANDBETWEEN関数は、指定した数値の範囲内で整数の乱数を発生させる関数です。乱数とは、無作為に選ばれる値のことで、当選者をランダムに選択する場合などに役立ちます。

乱数を発生して無作為にデータを抽出する

書式 =COUNTA(値1[,値2,…])

説明 「値」で指定したセル範囲内の数値や文字列が含まれるセルの個数を数えます。

書式 =RANDBETWEEN(最小値,最大値)

説明 「最小値」から「最大値」で指定した範囲で整数の乱数を発生させます。

書式 =COLUMN([参照])

説明 指定したセル範囲の列番号を求めます。「参照」を省略すると、COLUMN関数が入力されているセルの列番号が求められます(P.49参照)。

対象者の人数を調べ、アンケートの対象者を無作為に取り出します。

対象者の情報をVLOOKUP関数で取り出します。

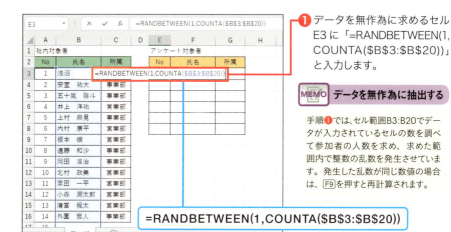

❶ データを無作為に求めるセル E3 に「=RANDBETWEEN(1,COUNTA($B$3:$B$20))」と入力します。

MEMO データを無作為に抽出する

手順❶では、セル範囲B3:B20でデータが入力されているセルの数を調べて参加者の人数を求め、求めた範囲内で整数の乱数を発生させています。発生した乱数が同じ数値の場合は、F9を押すと再計算されます。

=RANDBETWEEN(1,COUNTA($B$3:$B$20))

❷ 数式をコピーすると、整数の乱数が求められます。結果は左の画面と異なる場合があります。

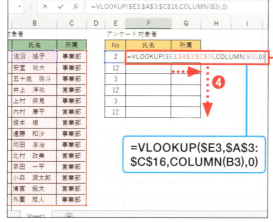

❸ 番号から氏名を取り出すセル F3 に「=VLOOKUP($E3,$A$3:$C$16,COLUMN(B3),0)」と入力します。

❹ 入力した数式をセル G3 にコピーし、さらにセル G8 までコピーします。

MEMO 番号から氏名を取り出す

手順❸では、セル範囲A3:C16からセルE3の番号を検索し、同じ行にある2列目の氏名を取り出しています。「列番号」はCOLUMN関数で指定して、数式のコピーで連続した列を指定できるようにしています。

=VLOOKUP($E3,$A$3:$C$16,COLUMN(B3),0)

191

SECTION 075
データの検索・抽出

次にデータを入力するセルにジャンプする

対応バージョン 2016 / 2013 / 2010 / 2007

COUNTA / ADDRESS / HYPERLINK

大きい表にデータを入力する場合、スクロールする手間が面倒です。COUNTA関数、ADDRESS関数、HYPERLINK関数を組み合わせると、リンクを設定して、そのリンクをクリックすると新規セルにジャンプさせることができます。

≫ 新規に入力するセルに移動する

書式　=COUNTA(値1[,値2,…])

説明　「値」で指定したセル範囲内の数値や文字列が含まれるセルの個数を数えます。

書式　=ADDRESS(行番号,列番号[,参照の種類][,参照形式][,シート名])

説明　「行番号」と「列番号」からセル参照を表す文字列を作成します。「参照の種類」で絶対参照(「1」または省略)、複合参照(「2」で行固定、「3」で列固定)、相対参照(「4」)を、「参照形式」でA1形式またはR1C1形式を、「シート名」でほかのワークシートへの参照を作成できます。

書式　=HYPERLINK(リンク先[,別名])

説明　P.186を参照してください。

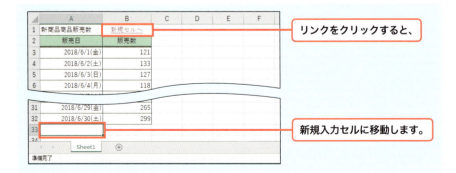

リンクをクリックすると、

新規入力セルに移動します。

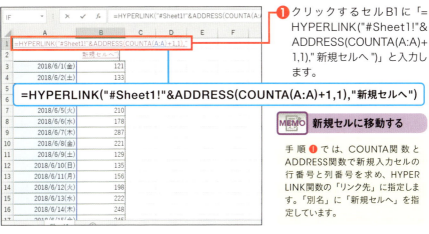

❶ クリックするセルB1に「=HYPERLINK("#Sheet1!"&ADDRESS(COUNTA(A:A)+1,1),"新規セルへ")」と入力します。

=HYPERLINK("#Sheet1!"&ADDRESS(COUNTA(A:A)+1,1),"新規セルへ")

MEMO 新規セルに移動する

手順❶では、COUNTA関数とADDRESS関数で新規入力セルの行番号と列番号を求め、HYPERLINK関数の「リンク先」に指定します。「別名」に「新規セルへ」を指定しています。

❷ リンクが設定された「新規セルへ」をクリックすると、

❸ アクティブセルが新規入力セルに移動します。

📎 COLUMN

HYPERLINK関数の「リンク先」

HYPERLINK関数の「リンク先」は、同じシート内であっても「"#シート名!セル参照"」の形式で指定する必要があります。手順❶では、セル参照の部分をADDRESS関数で指定し、「&」で連結しています。シート名は任意に設定することができます。

SECTION 076 データの検索・抽出

エラーのあるセルにジャンプする

対応バージョン: 2016 / 2013 / 2010 / 2007

`INDIRECT` `ISERROR` `ADDRESS`

複数のワークシートがあるとき、各シートの集計にエラーがあるかどうかをチェックし、エラーがある場合はそのセルにジャンプしてエラーを確認できるようにしましょう。この場合は、エラーチェック用のワークシートを作成すると便利です。

▶ エラーのあるセルにジャンプしてエラーを確認する

書式 =INDIRECT(参照文字列[,参照形式])

説明 P.178を参照してください。

書式 =ISERROR(テストの対象)

説明 「テストの対象」で指定したセルの値や数式の結果がエラー値の場合はTRUEを、エラー値でない場合はFALSEを返します。

書式 =ADDRESS(行番号,列番号[,参照の種類][,参照形式][,シート名])

説明 P.192を参照してください。

各ワークシートの集計にエラーがあるかどうかをチェックし、エラーがある場合はクリックすると、

そのセルにジャンプしてエラーを確認できるようにします。

1. エラーチェック用の表を作成します。列見出しにはシート見出しを入力します。
2. セル範囲 B3:B7 を選択して、セル B3 に「=ISERROR(INDIRECT(B$2&"!"&"G3:G7"))*1」と入力し、Ctrl + Shift + Enter を押します。
3. 入力した数式をセル E7 までコピーします。

MEMO シートのエラーをチェックする

手順❷では、各シートのセル範囲 G3:G7のエラーをチェックします。

4. エラーが発生している箇所のセル参照を表示する表を作成して、セル B11 に「=IF(B3=1,ADDRESS(ROW(B3),7,1,1,B$2),"")」と入力します。
5. 入力した数式をセル E15 までコピーします。

MEMO エラーのセル参照を表示する

手順❹では、ADDRESS関数の「列番号」に各シートのG列の7を、「シート名」にセルB2を指定し、「1」になった箇所のセル参照を表示します。

6. エラー箇所へ移動するためのリンクを設定する表を作成して、セル B19 に「=IF(B11="","",HYPERLINK("#"&B11,"確認"))」と入力します。
7. 入力した数式をセル E23 までコピーします。

MEMO エラーへのリンクを設定する

手順❻では、エラー箇所があるセルに「確認」と表示します。

195

SECTION 077 別のワークシートからデータを抽出する

データの検索・抽出

対応バージョン 2016 / 2013 / 2010 / 2007

INDIRECT
VLOOKUP

別のワークシートにある表からデータを抽出するには、INDIRECT関数とVLOOKUP関数を組み合わせます。それぞれの表に範囲名（名前）を付けて、その名前をINDIRECT関数で参照し、VLOOKUP関数の「範囲」に指定して該当するデータを取り出します。

≫ 別のワークシートから指定したデータを抽出する

 書式 =INDIRECT(参照文字列[,参照形式])

説明 「参照文字列」で指定したセル範囲を介し、ほかのセル範囲の内容を参照します。「参照形式」は、セル参照にR1C1形式のセルアドレスを使用したいときに「FALSE」で指定します（通常のA1形式の場合は省略可）。

 書式 =VLOOKUP(検索値,範囲,列番号[,検索方法])

説明 「検索値」を「範囲」の左端列で検索し、「列番号」に指定した列のデータを取り出します。「検索方法」には「1(TRUE)」（省略可）または「0(FALSE)」を指定します（P.53参照）。

シート名と氏名を入力すると、

そのシートから社員番号、所属、内線、携帯電話が取り出されるようにします。

❶ ワークシート「平成30年入社」の表範囲を選択します。
❷ 名前ボックスに範囲名（平成30年入社）を入力して、Enterを押します。
❸ 同様にして、「平成29年入社」シートの表にも範囲名（平成29年入社）を付けます。

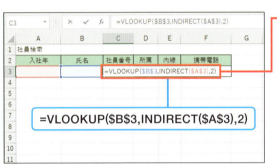

❹ 社員番号を取り出すシートのセルC3に「=VLOOKUP($B$3,INDIRECT($A$3),2)」と入力します。

MEMO 社員番号を取り出す

手順❹では、セルA3に入力したシートの表を参照して、セルB3の氏名をもとに社員番号を取り出しています。

❺ 数式をセルF3までコピーして、それぞれの引数の「列番号」を、D列は「3」、E列は「4」、F列は「5」に変更します。

❻ 入社年と氏名を入力すると、該当する社員番号、所属、内線、携帯電話が取り出されます。

SECTION 078 別のワークブックからデータを抽出する

データの検索・抽出

対応バージョン：2016 / 2013 / 2010 / 2007

LOOKUP / CHOOSE / VLOOKUP

別のブックにあるワークシートからデータを取り出すには、CHOOSE関数とVLOOKUP関数を組み合わせます。CHOOSE関数をVLOOKUP関数の「範囲」に指定して、別のブックから該当するデータを取り出します。シート名はLOOKUP関数を使って取り出します。

≫ 別ブックの指定したシートからデータを抽出する

書式 =LOOKUP(検査値,検査範囲[,対応範囲])

説明 「検査値」を「検査範囲」内で検索し、一致した位置と同じ位置にある「対応範囲」内の値を取り出します。

書式 =CHOOSE(インデックス,値1[,値2,…])

説明 「インデックス」で指定した位置にある引数リストの値を取り出します。「値1」には引数リストの1番目の値、「値2」には2番目の値を指定します。

書式 =VLOOKUP(検索値,範囲,列番号[,検索方法])

説明 P.53を参照してください。

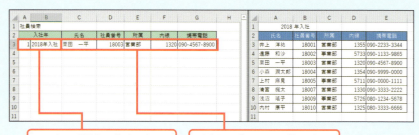

シートの番号を入力すると、別ブックのシート名が取り出され、

氏名を入力すると、社員番号、所属、内線、携帯電話が取り出されるようにします。

198

=LOOKUP(A3,{1,2},{"2018年入社","2017年入社"})

❶ 検索用のブックと検索元のブックを並べて表示します。
❷ 検索用ブックのシート名を取り出すセル B3 に「=LOOKUP(A3,{1,2},{"2018 年入社 ","2017 年入社 "})」と入力します。

 シート名を取り出す

手順❷では、セルA3に入力した数値に応じて別ブックのシート名が自動的に表示されるようにしています。

=VLOOKUP($C$3,CHOOSE($A$3,'[社員名簿.xlsx]2018年入社'!$A$3:$E$10,'[社員名簿.xlsx]2017年入社'!$A$3:$E$10),2,0)

❸ 社員番号を取り出すセル D3 に「=VLOOKUP($C$3,CHOOSE($A$3,'[社員名簿 .xlsx]2018 年 入 社 '!$A$3:$E$10,'[社員名簿 .xlsx]2017 年入 社 '!$A$3:$E$10),2,0)」と入力します。

社員番号を取り出す

手順❸では、セルA3に入力したシートの「社員名簿」ブックのセル範囲A3:E10から、セルC3に入力した氏名に該当する「社員番号」を取り出しています。

❹ 数式をセル G3 までコピーして、それぞれの引数の「列番号」を、E 列は「3」、F 列は「4」、G 列は「5」に変更します。

COLUMN

ブックを並べて表示するには

ブックを並べて表示するには、＜表示＞タブをクリックして、＜整列＞をクリックします。＜ウィンドウの整列＞ダイアログボックスが表示されるので、＜並べて表示＞をオンにして、＜OK＞をクリックします。左側に置きたいブックを手前に表示しておきます。

SECTION

079

データの検索・抽出

対応バージョン 2016 / 2013 / 2010 / 2007

単価表をもとに
別の価格表を作成する

VLOOKUP
TEXT
COUNTIF

同じ商品のバリエーションが複数ある価格表などから、商品ごとの価格を「¥100 ～ ¥350」のように取り出しましょう。この場合は、VLOOKUP関数、TEXT関数、COUNTIF関数、IF関数を組み合わせると取り出すことができます。

》 商品ごとの単価を「¥100～¥350」のように取り出す

書式 **=VLOOKUP(検索値,範囲,列番号[,検索方法])**

説明 P.53を参照してください。

書式 **=TEXT(値,表示形式)**

説明 「値」で指定した数値に「表示形式」を設定して文字列に変換します。「表示形式」には数値の書式を「""」で囲んで指定します。

書式 **=COUNTIF(範囲,検索条件)**

説明 指定した「範囲」内で「検索条件」に一致するセルの個数を数えます(P.46参照)。

	A	B	C	D	E	F	G
1	セット商品価格表				商品別価格帯		
2	品名	個数	単価		品名	単価	
3	コイン電池	2	¥300		コイン電池	¥300～¥680	
4	コイン電池	5	¥680		単三電池	¥100～¥350	
5	単三電池	2	¥100		単四電池	¥100～¥400	
6	単三電池	4	¥180		ボタン電池	¥280～¥680	
7	単三電池	8	¥350				
8	単四電池	2	¥100				
9	単四電池	6	¥280				
10	単四電池	10	¥400				
11	ボタン電池	2	¥280				
12	ボタン電池	5	¥630				
13							
14							

同じ商品のバリエーションが複数ある価格表から、

商品ごとの単価を「最初の単価～最後の単価」の形式で取り出します。

200

❶ 単価を取り出す表のセルF3に「=TEXT(VLOOKUP(E3,$A$3:$C$12,3,0),"¥#,##0")」と入力します。

MEMO 1つ目の単価を取り出す

手順❶では、セル範囲A3:C12からE3セルの品名を検索し、品目が一致した1つ目の行の3列目にある単価を取り出します。

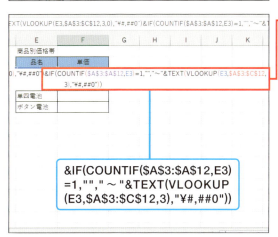

❷ 続けて「&IF(COUNTIF($A$3:$A$12,E3)=1,"","〜"&TEXT(VLOOKUP(E3,$A$3:$C$12,3),"¥#,##0"))」と入力します。

MEMO 最後の単価を取り出す

手順❷では、セル範囲A3:C12内のセルE3の品名が1個の場合は単価だけを取り出し、2個以上の場合は「最初の単価〜最後の単価」の形になるように取り出しています。

❸ 入力した数式をコピーすると、商品ごとの単価が「最初の単価〜最後の単価」で取り出されます。

SECTION 080 該当するすべてのデータを抽出する

対応バージョン：2016 / 2013 / 2010 / 2007

ROW
IF
SMALL
INDEX

検索値に該当するデータが複数ある表からすべてのデータを取り出すには、ROW関数、IF関数、SMALL関数、INDEX関数を組み合わせます。ROW関数で検索値に該当する行番号を求め、それをINDEX関数で取り出します。

≫ 検索値に該当するすべてのデータを取り出す

=ROW([参照])

指定したセルの行番号を求めます。「参照」には、行番号を調べるセルまたはセル範囲を指定します。省略すると、ROW関数を入力したセルの行番号が求められます(P.48参照)。

=IF(論理式[,真の場合][,偽の場合])

条件によって処理を振り分けます。「論理式」には、結果がTRUE(真)またはFALSE(偽)になるような条件式を指定します。「真の場合」には条件式がTRUEの場合の処理を、「偽の場合」にはFALSEの場合の処理を指定します(P.42参照)。

=SMALL(配列,順位)

小さいほうから数えた順位の値を求めます。「配列」には順位の対象となるデータが入力されている配列、またはセル範囲を指定します。

=INDEX(配列,行番号[,列番号])

「行番号」と「列番号」が交差する位置にあるセル参照を求めます。「配列」が1行や1列の場合は、行番号や列番号を省略できます(P.50参照)。

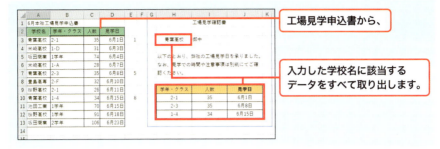

工場見学申込書から、

入力した学校名に該当するデータをすべて取り出します。

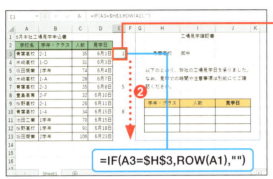

❶ セル E3 に「=IF(A3=$H$3, ROW(A1),"")」と入力します。
❷ 数式をほかのセルにコピーします。

=IF(A3=$H$3,ROW(A1),"")

MEMO 一致する行番号を求める

「=IF(A3=$H$3,ROW(A1),"")」は、セルA3と一致する行番号を求めています。

❸ データを取り出すセル H10 に「=INDEX(B$3:B$13,SMALL($E$3:$E$13,ROW(A1)),1)」と入力します。

=INDEX(B$3:B$13,SMALL($E$3:$E$13,ROW(A1)),1)

MEMO 2列目のデータを取り出す

手順❸では、手順❶の数式で取り出した行番号にあるセル範囲B3:B13のデータを小さいほうから取り出しています。

❹ 数式をセル J10 までコピーし、さらにセル J12 までコピーすると、該当するデータがすべて取り出されます。

MEMO 表示形式を変更する

セルJ10:J12に取り出したデータはシリアル値で表示されるので、セルの表示形式を日付形式に変更します。

SECTION 081
シート名を条件に集計する

データの検索・抽出

対応バージョン 2016 / 2013 / 2010 / 2007

INDIRECT
SUMIF

複数のシートがある場合に、セルに入力したシート名を使って、シートごとにデータを集計するには、INDIRECT関数とSUMIF関数を組み合わせます。INDIRECT関数を使用して各シートのセルの値を参照し、SUMIF関数の範囲に指定して集計します。

≫ セルに入力したシート名をもとに集計する

書式 =INDIRECT(参照文字列[,参照形式])

説明 「参照文字列」で指定したセル範囲を介し、ほかのセル範囲の内容を参照します。「参照形式」は、セル参照にR1C1形式のセルアドレスを使用したいときに「FALSE」で指定します（通常のA1形式の場合は省略可）。

書式 =SUMIF(範囲,検索条件[,合計範囲])

説明 「範囲」内で「検索条件」に一致するデータを検索し、対応する「合計範囲」の数値を合計します。「合計範囲」を省略した場合は、指定した「範囲」で条件を満たすセルが合計されます（P.47参照）。

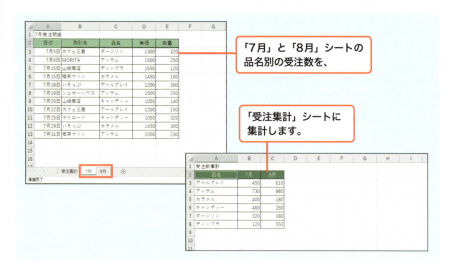

「7月」と「8月」シートの品名別の受注数を、

「受注集計」シートに集計します。

204

❶ シート名を列見出しとして入力した表を作成します。

❷ データを集計するセル B3 に「=SUMIF(INDIRECT(B$2&"!C3:C13"),$A3,INDIRECT(B$2&"!E3:E13"))」と入力します。

=SUMIF(INDIRECT(B$2&"!C3:C13"),$A3,INDIRECT(B$2&"!E3:E13"))

MEMO データを集計する

手順❷では、セルB2に入力した「7月」シートのセル範囲C3:C13とセル範囲E3:E13の値を参照し、セルA3に一致する7月の受注数を集計しています。

❸ 品名別の受注数が集計されます。

❹ 数式をセル C3 にコピーし、さらにセル C8 までコピーします。

205

SECTION 082 複数シートのデータを価格帯ごとに集計する

データの検索・抽出

対応バージョン： 2016 / 2013 / 2010 / 2007

FLOOR.MATH
SUMIF

複数シートのデータを価格帯別に集計するには、FLOOR.MATH関数とSUMIF関数を組み合わせます。FLOOR.MATH関数を使用して、データを100単位や1000単位で取り出し、取り出した数値をSUMIF関数の条件に指定して集計します。

データを100円単位で切り捨て、価格帯別に集計する

書式 =FLOOR.MATH(数値[,基準値][,モード])

説明 指定した「基準値」の倍数のうち、最も近い値に「数値」を切り捨てます。「数値」が負の場合は、切り捨てる方向を「モード」で指定します。Excel 2010／2007ではFLOOR関数を使います。

書式 =SUMIF(範囲,検索条件[,合計範囲])

説明 指定した「範囲」内で「検索条件」に一致するデータを検索し、対応する「合計範囲」の数値を合計します。「合計範囲」を省略した場合は、指定した「範囲」で条件を満たすセルが合計されます(P.47参照)。

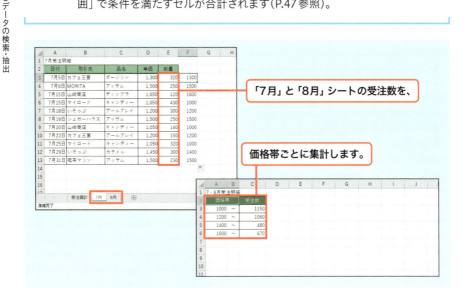

「7月」と「8月」シートの受注数を、価格帯ごとに集計します。

❶ 単価を100円単位で切り捨てて取り出すセルF3に「=FLOOR.MATH(D3,100)」と入力します。

=FLOOR.MATH(D3,100)

MEMO 100円単位で取り出す

「=FLOOR.MATH(D3,100)」は、セルD3の100未満を切り捨てます。

❷ 単価が100円単位で取り出されます。
❸ 数式をコピーします。
❹「8月」シートについても同様に、単価を100円単位で取り出します。

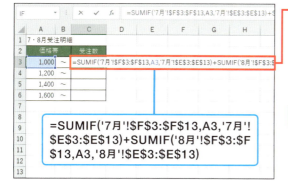

❺ 価格帯別の受注数を求めるセルC3に「=SUMIF('7月'!$F$3:$F$13,A3,'7月'!$E$3:$E$13)+SUMIF('8月'!$F$3:$F$13,A3,'8月'!$E$3:$E$13)」と入力します。

=SUMIF('7月'!$F$3:$F$13,A3,'7月'!$E$3:$E$13)+SUMIF('8月'!$F$3:$F$13,A3,'8月'!$E$3:$E$13)

MEMO 価格帯別の受注数を集計する

手順❺では、「7月」と「8月」シートの価格帯別の数量を集計しています。

❻ 価格帯別の受注数が求められます。
❼ 数式をコピーします。

SECTION 083 月別のシートにデータを抽出する

データの検索・抽出

対応バージョン 2016 / 2013 / 2010 / 2007

MONTH
INDEX

1つの表に入力してあるデータを月別のシートに取り出すには、まず、MONTH関数を使用して、日付から月を取り出します。次に、取り出した月の表内の位置を求め、その位置をもとにデータを取り出します。

» 1つの表のデータを月別シートに抽出する

書式 =MONTH(シリアル値)

説明 「シリアル値」に対応する月を1～12の範囲の整数で取り出します。

書式 =INDEX(配列,行番号[,列番号])

説明 「行番号」と「列番号」が交差する位置にあるセル参照を求めます。「配列」が1行や1列の場合は、行番号や列番号を省略できます(P.50参照)。

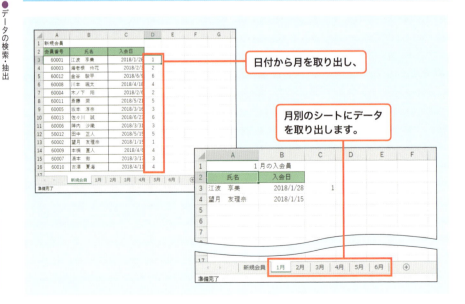

日付から月を取り出し、

月別のシートにデータを取り出します。

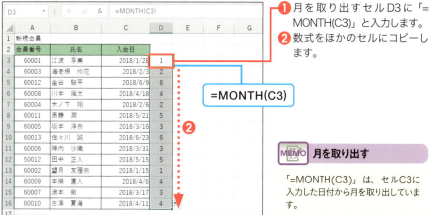

1. 月を取り出すセル D3 に「=MONTH(C3)」と入力します。
2. 数式をほかのセルにコピーします。

MEMO 月を取り出す

「=MONTH(C3)」は、セル C3 に入力した日付から月を取り出しています。

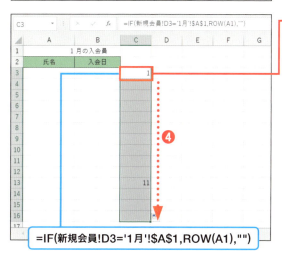

3. 1月のデータを取り出すシートを作成して、手順①で取り出した「1」の行番号を求めるセル C3 に「=IF(新規会員!D3='1月'!$A$1,ROW(A1),"")」と入力します。
4. 数式をセル C16 までコピーします。

MEMO 月の行番号を求める

手順③では、「新規会員」シートのセル D3 の月がセル A1 の月である場合は、その行番号を表示し、そうでない場合は空白にしています。

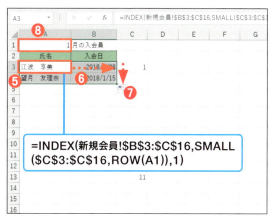

5. データを抽出するセル A3 に「=INDEX(新規会員!$B$3:$C$16,SMALL($C$3:$C$16,ROW(A1)),1)」と入力します。
6. 数式をセル B3 にコピーして、引数の「列番号」を「2」に変更し、セル B3 の表示形式を日付に変更します。
7. セル A3 と B3 の数式を C 列で求めた行番号の数（ここでは 2 個）だけコピーします。
8. シートをコピーして、セル A1 の月を変更すると、その月のデータが取り出されます。

SECTION	対応バージョン	2016	2013	2010	2007

084

データの検索・抽出

四半期別のシートに
データを抽出する

- MOD
- INT
- ROW
- SMALL

1つの表に入力してあるデータを四半期別のシートに取り出すには、まず、日付から月を四半期の数値で取り出します。次に、取り出した数値の表内の位置を求め、その位置をもとにデータを取り出します。

≫ 1つの表のデータを四半期別シートに抽出する

書式 =MONTH(シリアル値)

説明 「シリアル値」に対応する月を1～12の範囲の整数で取り出します。

書式 =MOD(数値,除数)

説明 「数値」を「除数」で割ったときの余りを求めます。

書式 =INT(数値)

説明 指定した「数値」の小数点以下を切り捨てて整数にします。

書式 =ROW([参照])

説明 指定したセルの行番号を求めます。「参照」には、行番号を調べるセルまたはセル範囲を指定します。省略すると、ROW関数を入力したセルの行番号が求められます(P.48参照)。

書式 =SMALL(配列,順位)

説明 小さいほうから数えた順位の値を求めます。「配列」には順位の対象となるデータが入力されている配列、またはセル範囲を指定します。

210

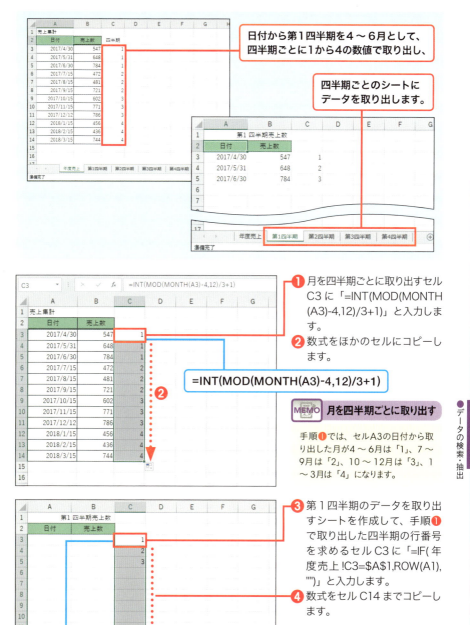

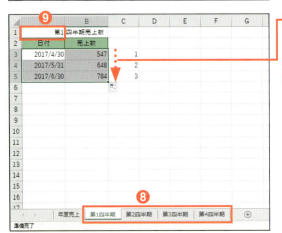

❺ データを抽出するセル A3 に「=INDEX(年度売上 !$A$3:$B$14,SMALL($C$3:$C$14,ROW(A1)),1)」と入力します。

MEMO 行番号のデータを取り出す

手順❺では、C列で求めた行番号のデータを「年度売上」シートのセルA3:B14の1列目から取り出しています。

❻ 数式をセル B3 にコピーして、引数の「列番号」を「2」に変更します。

❼ セル A3 と B3 の数式を C 列で求めた行番号の数（ここでは 3 個）だけコピーします。
❽ シートをコピーして、
❾ セル A1 の四半期の数値を変更すると、その四半期のデータが取り出されます。

COLUMN

1〜3月を第1四半期とする場合は

ここでは、第1四半期を4〜6月として集計しましたが、1〜3月を第1四半期とする場合は、手順❶で「=QUOTIENT(MONTH(A3)+2,3)」と入力します（SECTION 050参照）。

第 **5** 章

日付・時刻を計算する
組み合わせ技

SECTION 085 営業日の一覧を作成する

日付・時刻の計算

対応バージョン: 2016 / 2013 / 2010 / 2007

ROWS / WORKDAY

土日を除いた営業日を求めるには、WORKDAY関数とROWS関数を組み合わせます。WORKDAY関数で「開始日」を指定し、「日数」にROWS関数を指定して、オートフィルでコピーします。祝日を指定する場合は、祝日リストを別途用意する必要があります。

9月の営業日一覧を作成する

書式 =ROWS(配列)

説明 「配列」に指定したセル範囲の行数を求めます。

書式 =WORKDAY(開始日,日数[,祭日])

説明 「開始日」から起算して、土日と「祭日」を除く「日数」後の日付を求めます。

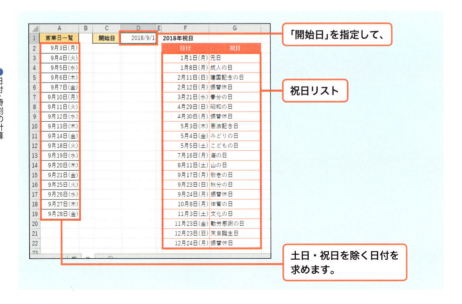

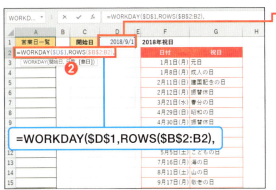

① 開始日を入力します。
② 営業日を求めるセル A2 に「=WORKDAY($D$1,ROWS($B$2:B2),」と入力し、

MEMO 開始日と日数の指定

「=WORKDAY($D$1,ROWS($B$2:B2),」は、「開始日」にセルD1を絶対参照で指定しています。「日数」はROWS関数で指定し、コピーするたびに1営業日ずつ増加するようにしています。

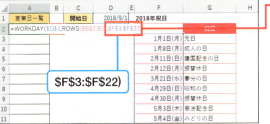

③ 続けて「$F$3:$F$22)」と入力します。

MEMO 祝日を指定する

「祭日」には、祝日リストを絶対参照で指定します。求めたい月が決まっている場合は、必要な範囲のみを指定してもかまいません。

④ 最初の営業日が求められます。
⑤ 数式を終了日のセルまでコピーします。

COLUMN

祝日の範囲

祝日リストのセル範囲に「祝日」などの名前を付けておくと、セル参照の代わりに名前を入力するだけで範囲を指定することができます（SECTION 005参照）。

=WORKDAY($D$1,ROWS($B$2:B2),祝日)

SECTION 086 日付・時刻の計算

対応バージョン: 2016 / 2013 / 2010 / 2007

指定月の営業日数を求める

DATE
NETWORKDAYS

指定された年月の営業日数を自動的に求めるには、NETWORKDAYS関数とDATE関数を組み合わせます。指定した年月の初日と末日をDATE関数で求め、NETWORKDAYS関数の引数に、この初日と末日を指定し、土日・祝日を除く営業日数を求めます。

今月の営業日数を求める

 書式 **=DATE(年,月,日)**

 説明 「年」「月」「日」の数値から日付データを作成します。

 書式 **=NETWORKDAYS(開始日,終了日[,祭日])**

 説明 土日と祭日を除く「開始日」から「終了日」までの期間を求めます。土日以外で休日にする日付がない場合は、「祭日」を省略します。

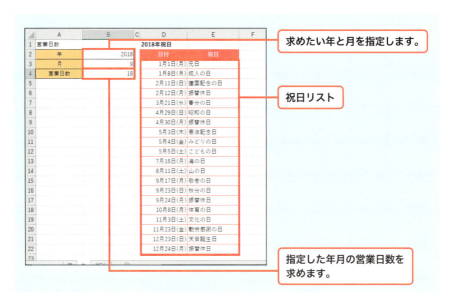

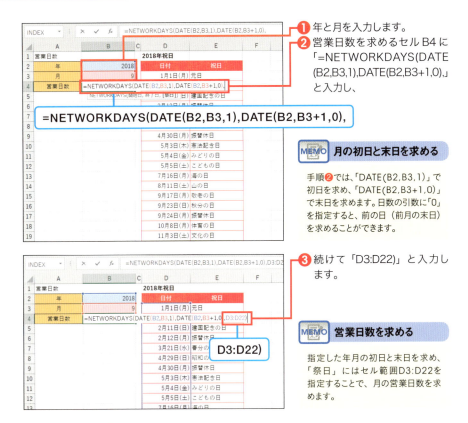

❶ 年と月を入力します。
❷ 営業日数を求めるセルB4に「=NETWORKDAYS(DATE(B2,B3,1),DATE(B2,B3+1,0),」と入力し、

`=NETWORKDAYS(DATE(B2,B3,1),DATE(B2,B3+1,0),`

MEMO 月の初日と末日を求める

手順❷では、「DATE(B2,B3,1)」で初日を求め、「DATE(B2,B3+1,0)」で末日を求めます。日数の引数に「0」を指定すると、前の日（前月の末日）を求めることができます。

❸ 続けて「D3:D22)」と入力します。

`D3:D22)`

MEMO 営業日数を求める

指定した年月の初日と末日を求め、「祭日」にはセル範囲D3:D22を指定することで、月の営業日数を求めます。

 COLUMN

今月の営業日数を求める

TODAY関数とEOMONTH関数を組み合わせると、今月の初日と末日を求めることができます。ファイルを開いた日の年月を自動的に表示できるので便利です。その日付をもとに、NETWORKDAYS関数で営業日数を求めます。

`=EOMONTH(TODAY(),-1)+1`

`=EOMONTH(TODAY(),0)`

`=NETWORKDAYS(B2,B3,D3:D22)`

SECTION 087 指定した年の最終営業日を求める

日付・時刻の計算

対応バージョン: 2016 / 2013 / 2010 / 2007

WORKDAY
EOMONTH
NETWORKDAYS

指定した年の最終営業日を求めるには、まず、WORKDAY関数で指定した月の最初の営業日を求めます。続いて、EOMONTH関数とNETWORKDAYS関数でその月の営業日数を求めて、WORKDAY関数で最後の営業日を求めます。年末の休日リストを別途用意する必要があります。

年末の最終営業日を求める

書式 =WORKDAY(開始日,日数[,祭日])

説明 「開始日」から起算して、土日と「祭日」を除く「日数」後の日付を求めます。

書式 =EOMONTH(開始日,月)

説明 「開始日」に指定した日付から、「月」に指定した月数後、月数前の末日のシリアル値を求めます。「月」に正の数を指定すると、開始日よりあとの月の月末、負の数を指定すると、開始日より前の月の月末が求められます。

書式 =NETWORKDAYS(開始日,終了日[,祭日])

説明 土日と祭日を除く「開始日」から「終了日」までの期間を求めます。土日以外で休日にする日付がない場合は、「祭日」を省略します。

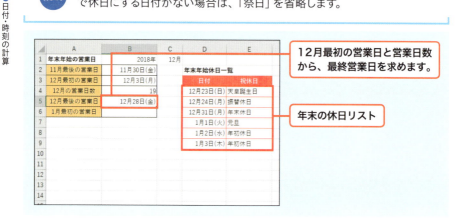

12月最初の営業日と営業日数から、最終営業日を求めます。

年末の休日リスト

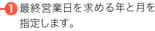

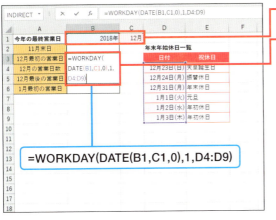

❶ 最終営業日を求める年と月を指定します。

❷ 12月最初の営業日を求めるセルB3に「=WORKDAY(DATE(B1,C1,0),1,D4:D9)」と入力します。

MEMO 12月最初の営業日を求める

手順❷では、DATE関数（P.216参照）で月初めの日付を求め、その日付を「開始日」として、土日と休日を除く営業日を求めています。セルB2の11月最後の営業日は「=EOMONTH(B3,-1)」で求めます。

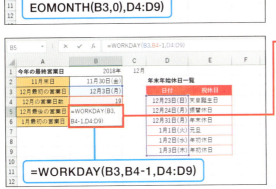

❸ 12月の営業日数を求めるセルB4に「=NETWORKDAYS(B3,EOMONTH(B3,0),D4:D9)」と入力します。

MEMO 営業日数を求める

手順❸では、セルB3の営業日から月末日までのうち、土日とセル範囲D4:D9の休日を除く営業日数を求めています。

❹ 最後の営業日を求めるセルB5に「=WORKDAY(B3,B4-1,D4:D9)」と入力します。

MEMO 最後の営業日を求める

手順❹では、WORKDAY関数の「開始日」にセルB3を指定し、「日数」に「B4-1」と指定して、営業日数から1営業日を引いています。「祭日」は稼働日から除外しています。

COLUMN

年初の営業日を求める

1月最初の営業日は、12月最後の営業日の翌営業日です。よって、WORKDAY関数を使用して、12月の開始日と営業日数で求めることができます。

=WORKDAY(B3,B4,D4:D9)

SECTION 088 日付・時刻の計算

対応バージョン 2016 / 2013 / 2010 / 2007

WORKDAY

指定日数後の日付を求める

支払日が購入日から○日後であれば日数を数えるだけで済みますが、土日や祝日を除いた稼働日だけを数えたいという場合は、WORKDAY関数を使用します。土日以外の祝日も除く場合は、祝日リストを別途用意する必要があります。

≫ 10営業日後の支払日を求める

書式 =WORKDAY(開始日,日数[,祭日])

説明 「開始日」から起算して、土日と「祭日」を除く「日数」後の日付を求めます。

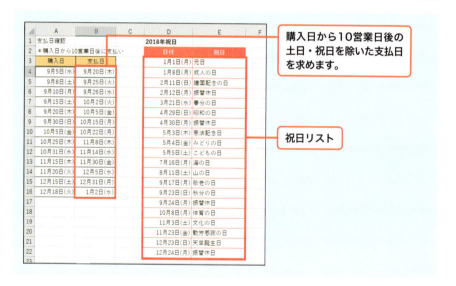

購入日から10営業日後の土日・祝日を除いた支払日を求めます。

祝日リスト

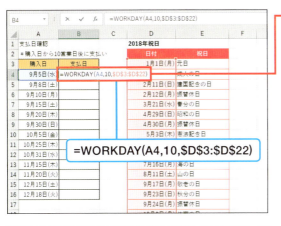

❶ 支払日のセル B4 に「=WORKDAY(A4,10,$D$3:$D$22)」と入力します。

MEMO 支払日を求める

手順❶では、「開始日」をセルA4の日付、「日数」に10日を指定し、「祭日」に祝日リストのセル範囲D3:D22を指定しています。

❷ 購入日から10営業日後の土日・祝日を除いた支払日が求められます。
❸ 数式をほかのセルにコピーします。

COLUMN

表示形式を変更する

セルの表示形式を「標準」のままにしておくと、シリアル値が表示されるので、表示形式を日付に変更する必要があります。ここでは、表示形式を＜ユーザー定義＞の「mm"月"d"日"(aaa)」に設定しています（P.258参照）。

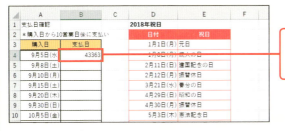

表示形式が「標準」の場合は、シリアル値が表示されます。

SECTION 089 翌々月5日の日付を求める

日付・時刻の計算

対応バージョン: 2016 / 2013 / 2010 / 2007

MONTH / YEAR / DATE

請求日の翌々月の5日が入金日のように日を指定して求めるには、DATE関数、YEAR関数、MONTH関数を組み合わせます。請求日をもとに年と月を取り出して2か月後を求め、その月の5日を指定します。

▶ 請求月の翌々月5日を求める

書式 =MONTH(シリアル値)

説明 「シリアル値」に対応する月を1～12の範囲の整数で取り出します。

書式 =YEAR(シリアル値)

説明 「シリアル値」に対応する年を1900～9999の範囲の整数で取り出します。

書式 =DATE(年,月,日)

説明 「年」「月」「日」の数値から日付データを作成します。

請求日の翌々月の5日を求めます。

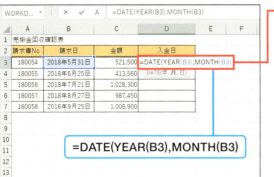

❶ 入金日を求めるセルD3に「=DATE(YEAR(B3),MONTH(B3)」と入力し、

❷ 続けて「+2,5)」と入力します。

MEMO 翌々月の5日を取り出す

「=DATE(YEAR(B3),MONTH(B3)+2,5)」では、セルB3から年と月を取り出し、「+2,5)」で2か月後の5日を指定しています。

❸ 請求日の翌々月5日が求められます。
❹ 数式をほかのセルにコピーします。

MEMO 表示形式を変更する

セルの表示形式が「標準」の場合は、シリアル値が表示されます。ここでは、<ユーザー定義>で「m"月"d"日"(aaa)」の形式にしています（P.258参照）。

入金日が休業日の場合

翌々月の5日が土日・祝日の場合、通常では入金日を翌営業日にします。土日・祝日を除いて入金日を求める方法については、SECTION 091を参照してください。

対応バージョン 2016 2013 2010 2007

SECTION
090
日付・時刻の計算

指定日が土日の場合は
別の営業日を求める

MONTH
DATE
WORKDAY
WEEKDAY

支払日など毎月決められた日付が土日にあたる場合は、前営業日にするか、翌営業日するという取り決めがあるのが一般的です。ここでは、土日が休日という前提で、WORKDAY関数で指定した稼働日後の日付を求め、WEEKDAY関数で土日以外の指定日後の日付を求めます。

》 毎月15日支払いで休業日の場合は前営業日を求める

書式 **=MONTH(シリアル値)**

説明 「シリアル値」に対応する月を1〜12の範囲の整数で取り出します。

書式 **=YEAR(シリアル値)**

説明 「シリアル値」に対応する年を1900〜9999の範囲の整数で取り出します。

書式 **=DATE(年,月,日)**

説明 「年」「月」「日」の数値から日付データを作成します。

書式 **=WORKDAY(開始日,日数[,祭日])**

説明 「開始日」から起算して、土日と「祭日」を除く「日数」後の日付を求めます。

書式 **=WEEKDAY(シリアル値[,種類])**

説明 「シリアル値」に対応する曜日を1から7までの整数で取り出します。「種類」には戻り値の種類を「1」〜「3」の数値で指定します(P.58参照)。省略した場合は「1」になります。

224

支払日を求め、

支払日が休日(土日)の場合は前営業日を求めます。

❶ 支払日のセルB4に「=WORKDAY(DATE(YEAR(A4),MONTH(A4)+1,15),0)」と入力します。

MEMO 翌月15日を求める

手順❶では、YEAR関数とMONTH関数でセルA4から年月を取り出し、DATE関数で購入日の翌月15日の日付を求めています。

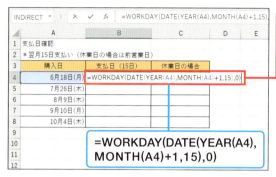

❷ 翌月15日の日付が求められます。
❸ 数式をほかのセルにコピーします。

MEMO 土日のみを考慮する

ここでは、土日のみを考慮して支払日を計算しています。

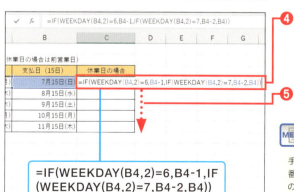

❹ 休業日の場合の日付を求めるセルC4に「=IF(WEEKDAY(B4,2)=6,B4-1,IF(WEEKDAY(B4,2)=7,B4-2,B4))」と入力します。
❺ 入力した数式をほかのセルにコピーします。

MEMO 前営業日を指定する

手順❹では、WEEKDAY関数で曜日番号を取り出し、支払日が土曜日(6)の場合は1日前、日曜(7)の場合は2日前を指定し、土日でない場合は、セルB4をそのまま表示します。

SECTION 091
土日・祝日を除いて指定日を求める

日付・時刻の計算

対応バージョン：2016 / 2013 / 2010 / 2007

MONTH / YEAR / DATE / WORKDAY

SECTION 089のように入金日を求めても、土日や祝日の場合は、翌営業日に振り替えることが一般的です。土日・祝日を除いて指定日を求めるには、WORKDAY関数と祝日リストを追加して、入金日を求めます。

≫ 指定した日が土日・祝日の場合は翌日を求める

書式 =MONTH(シリアル値)

説明 「シリアル値」に対応する月を1～12の範囲の整数で取り出します。

書式 =YEAR(シリアル値)

説明 「シリアル値」に対応する年を1900～9999の範囲の整数で取り出します。

書式 =DATE(年,月,日)

説明 「年」「月」「日」の数値から日付データを作成します。

書式 =WORKDAY(開始日,日数[,祭日])

説明 「開始日」から起算して、土日と「祭日」を除く「日数」後の日付を求めます。

翌々月の5日が土日・祝日の場合は、翌営業日を求めます。

❶ 入金日を求めるセル D3 に「=WORKDAY(DATE(YEAR(B3),MONTH(B3)+2,5)-1,1,」と入力し、

=WORKDAY(DATE(YEAR(B3),MONTH(B3)+2,5)-1,1,

MEMO 土日を除く翌日を求める

手順❶では、セルB3から年と月を取り出して2か月後の5日の日付を作成し、その日が土日の場合は、1日後の日付を求めています。

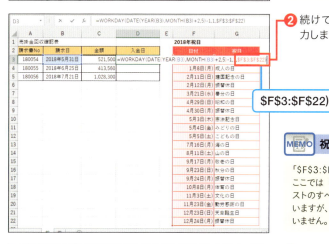

❷ 続けて「$F$3:$F$22)」と入力します。

$F$3:$F$22)

MEMO 祝日を指定する

「$F$3:$F$22)」で祝日を除きます。ここでは「$E$3:$E$22」で祝日リストのすべてを絶対参照で指定していますが、必要な範囲のみでもかまいません。

❸ 土日・祝日を除いた入金日が求められます。
❹ 数式をほかのセルにコピーします。

MEMO 表示形式を変更する

セルの表示形式が「標準」の場合は、シリアル値が表示されます。ここでは、<ユーザー定義>で「m"月"d"日"(aaa)」の形式にしています（P.258参照）。

227

SECTION 092 締め日を基準に月を取り出す

日付・時刻の計算

対応バージョン: 2016 / 2013 / 2010 / 2007

請求書などの処理では、締め日以内のものはその月の扱いとし、締め日を過ぎたものは翌月の処理に回すのが一般的です。日付から指定された締め日をもとに月を取り出すには、MONTH関数とEDATE関数を組み合わせます。

≫ 締め日の20日をもとに締め月を求める

書式 =EDATE(開始日,月)

説明 開始日から起算して、指定した月数後、あるいは月数前の日付に対応するシリアル値を求めます。

書式 =MONTH(シリアル値)

説明 「シリアル値」に対応する月を1～12の範囲の整数で取り出します。

	A	B	C	D	E
1	支払予定			締め日：毎月20日	
2	請求日	支払先	請求金額	締め月	
3	7月23日	山崎商店	1,085,000	8月	
4	8月20日	浜町工業	674,200	8月	
5	8月31日	横堀茶屋	453,800	9月	
6	9月15日	平岡建築	1,283,000	9月	

請求日と締め日から、締め月を求めます。

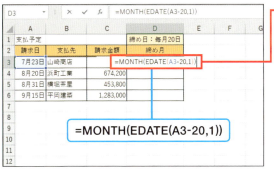

❶ 締め月を求めるセル D3 に「=MONTH(EDATE(A3-20,1))」と入力します。

MEMO 対応する月を取り出す

手順❶では、セルA3の請求日から締め日の20日を引き、締め日より以前なら当月、以降なら1か月後（翌月）の日付を求め、対応する月を取り出します。

❷ 請求日と締め日から締め月が求められます。

❸ ＜セルの書式設定＞ダイアログボックスを表示して（P.258 参照）、＜ユーザー定義＞をクリックします。
❹ ＜種類＞に「0"月"」と入力して、
❺ ＜OK＞をクリックすると、

❻ 表示形式が変更されます。
❼ 数式をコピーすると、それぞれの請求日の締め月が求められます。

SECTION 093
日付・時刻の計算
締め日を基準にして支払日を求める

対応バージョン： 2016 / 2013 / 2010 / 2007

指定日から数か月後、もしくは数か月前の月末を求めるには、EOMONTH関数を使用します。単に翌々末日であれば、EOMONTH関数だけで求められますが、締め日を指定する場合は、DAY関数で日付を取り出し、締め日の前または後の判断をして日付を求めます。

≫ 締め日が20日の場合の翌々月末日を求める

書式 =DAY(シリアル値)

説明 「シリアル値」に対応する日を1～31までの整数で取り出します。

書式 =IF(論理式[,真の場合][,偽の場合])

説明 条件によって処理を振り分けます。「論理式」には、結果がTRUE（真）またはFALSE（偽）になるような条件式を指定します。「真の場合」には条件式がTRUEの場合の処理を、「偽の場合」にはFALSEの場合の処理を指定します（P.42参照）。

書式 =EOMONTH(開始日,月)

説明 「開始日」に指定した日付から、「月」に指定した月数後、月数前の末日のシリアル値を求めます。「月」に正の数を指定すると、開始日より後の月の月末、負の数を指定すると、開始日より前の月の月末が求められます。

	A	B
1	支払日一覧	締め日：20日
2	請求日付	支払日
3	6月15日(金)	8月31日(金)
4	6月23日(土)	9月30日(日)
5	7月18日(水)	9月30日(日)
6	7月22日(日)	10月31日(水)
7	8月19日(日)	10月31日(水)

請求日付から、20日締めの翌々月末の日付を求めます。

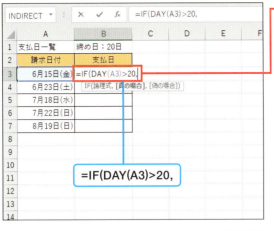

❶ 支払日を求めるセル B3 に「=IF(DAY(A3)>20,」と入力し、

MEMO 締め日を指定する

「IF(DAY(A3)>20,」は、セルA3の請求日が締め日の20日を過ぎているかどうかを判定しています。

❷ 続けて「EOMONTH(A3,3),EOMONTH(A3,2))」と入力します。

MEMO 月末日を指定する

請求日が20日を過ぎている場合は「EOMONTH(A3,3)」で開始日（請求日付）の3か月後の月末日を求めます。過ぎていなければ「EOMONTH(A3,2)」で2か月後の月末日を求めます。

❸ 請求日付から、20日締め翌々月末の支払日が求められます。
❹ 数式をほかのセルにコピーします。

SECTION 094 日付・時刻の計算

対応バージョン 2016 / 2013 / 2010 / 2007

締め日を基準にして休日を除いた支払日を求める

DATE / WORKDAY

締め日と支払日を指定して日付を求めるにはDATE関数、YEAR関数、MONTH関数、DAY関数を組み合わせます。求めた支払日が休日（土日・祝日）に当たるときは、WORKDAY関数と祝日リストを追加して、その前営業日に振り替えます。

▶ 締め日と支払日を指定して、休日の場合は前営業日を求める

書式 =DATE(年,月,日)

説明 「年」「月」「日」の数値から日付データを作成します。

書式 =WORKDAY(開始日,日数[,祭日])

説明 「開始日」から起算して、土日と「祭日」を除く「日数」後の日付を求めます。

締め日と支払日を指定して、休日を除く支払日を求めます。

祝日リスト

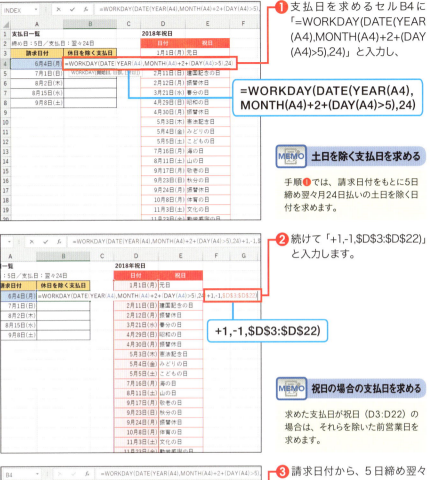

❶ 支払日を求めるセル B4 に「=WORKDAY(DATE(YEAR(A4),MONTH(A4)+2+(DAY(A4)>5),24)」と入力し、

=WORKDAY(DATE(YEAR(A4),MONTH(A4)+2+(DAY(A4)>5),24)

MEMO 土日を除く支払日を求める

手順❶では、請求日付をもとに5日締め翌々月24日払いの土日を除く日付を求めます。

❷ 続けて「+1,-1,$D$3:$D$22)」と入力します。

+1,-1,$D$3:$D$22)

MEMO 祝日の場合の支払日を求める

求めた支払日が祝日（D3:D22）の場合は、それらを除いた前営業日を求めます。

❸ 請求日付から、5日締め翌々24日払いの土日・祝日を除いた支払日が求められます。
❹ 数式をほかのセルにコピーします。

MEMO 表示形式を変更する

セルの表示形式が「標準」の場合は、シリアル値が表示されます。ここでは、＜ユーザー定義＞で「m"月"d"日"(aaa)」の形式にしています（P.258参照）。

SECTION 095
指定した曜日を除いて指定日数後の日付を求める

対応バージョン 2016 / 2013 / 2010 / 2007

WORKDAY.INTL

土日や祝日を除く指定日後の稼働日を求める場合は通常WORKDAY関数を使用しますが、土日だけでなく、別の曜日を除いた稼働日を求める場合は、WORKDAY.INTL関数を使用します。WORKDAY.INTL関数では、除外する曜日を個別に指定することができます。

≫ 水曜日と祝日を除く6日後の日付を求める

  =WORKDAY.INTL(開始日,日数[,週末][,祭日])

 「週末」および「祭日」で指定した日数を除き、「開始日」に指定した日付から「日数」後や前のシリアル値を求めます。「日数」に正の数を指定すると、日数後の日付が、負の数を指定すると、日数前の日付が求められます。「週末」では、以下の週末番号で除く曜日を指定します。Excel 2010で追加された関数です。

週末番号	週末の曜日	週末番号	週末の曜日
1 または省略	土曜と日曜	11	日曜のみ
2	日曜と月曜	12	月曜のみ
3	月曜と火曜	13	火曜のみ
4	火曜と水曜	14	水曜のみ
5	水曜と木曜	15	木曜のみ
6	木曜と金曜	16	金曜のみ
7	金曜と土曜	17	土曜のみ

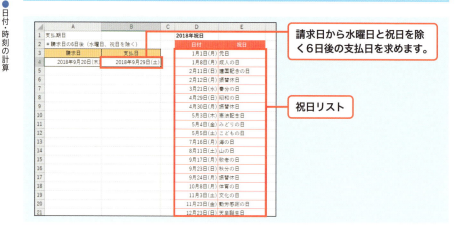

請求日から水曜日と祝日を除く6日後の支払日を求めます。

祝日リスト

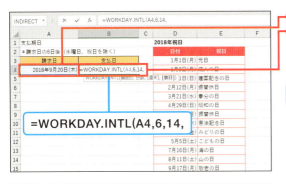

❶ 請求日を入力します。
❷ 支払日を求めるセル B4 に「=WORKDAY.INTL(A4,6,14,」と入力し、

MEMO 指定の曜日を除く

「WORKDAY.INTL(A4,6,14,」は、セルA4の請求日から6日後の支払日を水曜日（週末番号14）を除いて求めます。

❸ 続けて「D3:D22)」と入力します。

MEMO 祝日を指定する

祝日の指定は、必要な範囲のみでもかまいません。

❹ 請求日から水曜日と祝日を除く6日後の支払日が求められます。

COLUMN

表示形式を変更する

セルの表示形式を「標準」のままにしておくと、シリアル値で表示されるので、表示形式を日付に変更する必要があります。ここでは表示形式を＜ユーザー定義＞の「yyyy"年"m"月"d"日"(aaa)」に設定しています（P.258参照）。

235

対応バージョン 2016 / 2013 / 2010 / 2007

SECTION 096
日付・時刻の計算

生年月日から満年齢を求める

TODAY
DATEDIF

ある日付からある日付までの期間の長さを指定の単位で求めるには、DATEDIF関数を使用します。満年齢を求める場合は、生年月日から今日までの期間を、単位を「"Y"」（満年数）で指定して求めます。今日の日付は、TODAY関数を使用して求めます。

≫ 生年月日と今日の日付から満年齢を求める

 =TODAY()

 今日の日付を表示します。引数はありません。

 =DATEDIF(開始日,終了日,単位)

「開始日」から「終了日」までの期間を指定した「単位」で求めます。DATEDIF関数は＜関数ライブラリ＞や＜関数の挿入＞ダイアログボックスには表示されないので、キーボードから直接入力します。

単位	種類	単位	種類
"Y"	満年数	"YM"	1年未満の月数
"M"	満月数	"YD"	1年未満の日数
"D"	満日数	"MD"	1か月未満の日数

D3		fx	=DATEDIF(C3,TODAY(),"Y

	A	B	C	D	E
1	社員名簿				
2	氏名	社員番号	生年月日	年齢	
3	五十嵐 啓斗	17005	1992/2/10	26	
4	井上 洋祐	18001	1990/6/28	27	
5	榎本 楼	17002	1986/9/11	31	
6	遠藤 和沙	18002	1975/3/4	42	
7	岡田 准治	17003	1983/10/9	34	
8	北村 政美	17006	1988/4/2	29	
9	栗田 一平	18003	1984/7/7	33	
10	小森 潤太郎	18004	1981/12/20	36	
11					

生年月日と今日の日付から満年齢を求めます。

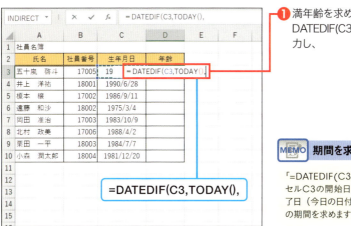

❶ 満年齢を求めるセル D3 に「=DATEDIF(C3,TODAY(),」と入力し、

MEMO 期間を求める

「=DATEDIF(C3,TODAY(),」は、セルC3の開始日（生年月日）と終了日（今日の日付）から、今日までの期間を求めます。

❷ 続けて「"Y")」と入力します。

MEMO 単位を指定する

DATEDIF関数の「単位」には、満年数を求めるために「"Y"」を指定しています。

❸ 生年月日と今日の日付から満年齢が求められます。
❹ 数式をほかのセルにコピーします。

MEMO 今日の日付

今日の日付は、ファイルを開いたときに更新されます。

| 対応バージョン | 2016 | 2013 | 2010 | 2007 |

SECTION 097

日付・時刻の計算

生年月日から干支を求める

YEAR
MOD
VLOOKUP

干支を求めるには、YEAR関数、MOD関数、VLOOKUP関数を組み合わせます。まず、YEAR関数とMOD関数で余りを求め、その余りと干支の対応表を作成しておきます。次に、VLOOKUP関数を使用して、干支を取り出します。

» 生年月日と干支対応表から干支を求める

書式 =YEAR(シリアル値)

説明 「シリアル値」に対応する年を1900〜9999の範囲の整数で取り出します。

書式 =MOD(数値,除数)

説明 「数値」を「除数」で割ったときの余りを求めます。

書式 =VLOOKUP(検索値,範囲,列番号[,検索方法])

説明 「検索値」を「範囲」の左端列で検索し、「列番号」に指定した列のデータを取り出します。「検索方法」には「1(TRUE)」(省略可)または「0(FALSE)」を指定します(P.53参照)。

年を12で割った余り値を求め、

対応表から干支を表示します。

干支対応表を用意します。余りの値として「0」〜「11」を用意し、「0」に「申」を入力して、オートフィルでコピーします。

	氏名	生年月日	年齢	余り	干支
3	五十嵐 勝斗	1992/2/10	26	0	申
4	井上 洋祐	1990/6/28	27	10	午
5	榎本 横	1986/9/11	31	6	寅
6	遠藤 和沙	1975/3/4	42	7	卯
7	岡田 准治	1983/10/9	34	3	亥
8	北村 政尊	1988/4/2	29	8	辰
9	栗田 一平	1984/7/7	33	4	子
10	小森 潤太郎	1981/12/20	36	1	酉

社員名簿

余り	干支
0	申
1	酉
2	戌
3	亥
4	子
5	丑
6	寅
7	卯
8	辰
9	巳
10	午
11	未

干支対応表

❶ 余りを求めるセルD3に「=MOD(YEAR(B3),12)」と入力します。
❷ 入力した数式をほかのセルにコピーします。

MEMO 余りを求める

「=MOD(YEAR(B3),12)」は、セルB2の生年月日の年を12で割り、その余りを求めます。

❸ 干支を求めるセルE3に「=VLOOKUP(D3,$G$3:$H$14,2,FALSE)」と入力します。

MEMO 干支対応表から探す

「=VLOOKUP(D3,$G$3:$H$14,2,FALSE)」は、セルD3の余りと一致する値を対応表から検索して、2列目の干支を取り出します。

❹ 干支が求められます。
❺ 数式をほかのセルにコピーします。

COLUMN

干支対応表を利用しないで干支を求める

ここでは干支の対応表を利用しましたが、MID関数（P.260参照）にMOD関数とYEAR関数を使用して、求めることもできます。数式は、セルB3の生年月日の年を12で割った余りに1を足し、その数値の位置から1文字を取り出します。12で割り切れる申年は余りが「0」となり開始位置が指定できなくなるため、結果に「+1」としています。

239

SECTION 098 指定期間を○年○か月と求める

対応バージョン: 2016 / 2013 / 2010 / 2007

DATEDIF / TEXT

2つの日付の期間を「○年○か月」のように求めるには、DATEDIF関数を使用します。さらに、TEXT関数と組み合わせると、結果が5年ちょうどの場合は「5年」、1年未満の場合は「○か月」のように、期間が0の場合を非表示にすることができます。

入社日と基準日から勤続年数を求める

書式 =DATEDIF(開始日,終了日,単位)

説明 「開始日」から「終了日」までの期間を指定した「単位」で求めます。DATEDIF関数は<関数ライブラリ>や<関数の挿入>ダイアログボックスには表示されないので、キーボードから直接入力します。

単位	種類	単位	種類
"Y"	満年数	"YM"	1年未満の月数
"M"	満月数	"YD"	1年未満の日数
"D"	満日数	"MD"	1か月未満の日数

書式 =TEXT(値,表示形式)

説明 「値」で指定した数値に「表示形式」を設定して文字列に変換します。「表示形式」には数値の書式を「""」で囲んで指定します。

入社日と基準日を指定して、

勤続年数を求めます。

	A	B	C	D	E	F
1	社員名簿		基準日	2018/7/1		
2	氏名	社員番号	入社日	勤続年数	生年月日	年齢
3	五十嵐 啓斗	17005	2018/4/1	3ヵ月	1992/2/10	26
4	井上 洋祐	18001	2016/8/1	1年11ヵ月	1990/6/28	27
5	榎本 稜	17002	2005/4/1	13年3ヵ月	1986/9/11	31
6	遠藤 和沙	18002	1999/6/10	19年	1975/3/4	42
7	岡田 准治	17003	2009/4/1	9年3ヵ月	1983/10/9	34
8	北村 政美	17006	2013/7/1	5年	1988/4/2	29
9	栗田 一平	18003	2007/4/1	11年3ヵ月	1984/7/7	33
10	小森 潤太郎	17004	2002/9/1	15年10ヵ月	1981/12/20	36

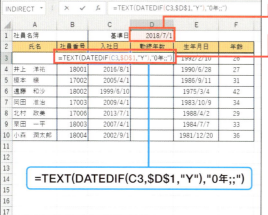

❶ 基準日を入力します（ここでは「2018/7/1」）。
❷ 勤続年数を求めるセル D3 に「=TEXT(DATEDIF(C3,$D$1,"Y"),"0年;;")」と入力し、

MEMO 年を算出する

手順❶では、C列の入社日からセルD1の日付までの期間（年）を求めて、結果が0年であれば空白にします。「;;」は、0は表示しないという表示形式です。

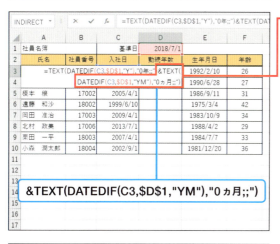

❸ 続けて「&TEXT(DATEDIF(C3,$D$1,"YM"),"0ヵ月;;")」と入力します。

MEMO 月を算出する

手順❸では、C列の入社日からセルD1の日付までの期間（月）を求めて、結果が0か月であれば空白にします。「&」で年数と月数を連結します。

❹ 入社日と基準日から勤続年数が求められます。
❺ 数式をほかのセルにコピーします。

SECTION 099 年度を取り出す

日付・時刻の計算

対応バージョン: 2016 / 2013 / 2010 / 2007

YEAR
MONTH

年度は、4月1日から翌年の3月31日までの期間を指します。数年分の集計表などから年度単位で集計を求める場合は、まず日付から年度を取り出します。年度を取り出すには、YEAR関数とMONTH関数を組み合わせます。

≫ 集計表から年度を取り出す

=YEAR(シリアル値)

「シリアル値」に対応する年を1900～9999の範囲の整数で取り出します。

=MONTH(シリアル値)

「シリアル値」に対応する月を1～12の範囲の整数で取り出します。

日付データから年度を取り出します。

	A	B	C
1	T製品売上	(月末締め)	
2	年度	日付	売上数
3	2017	2017/11/30	428
4	2017	2017/12/31	516
5	2017	2018/1/31	425
6	2017	2018/2/28	307
7	2017	2018/3/31	311
8	2018	2018/4/30	126
9	2018	2018/5/31	207
10	2018	2018/6/30	193
11	2018	2018/7/31	401
12	2018	2018/8/31	269
13	2018	2018/9/30	278
14	2018	2018/10/31	411
15	2018	2018/11/30	563
16	2018	2018/12/31	428
17	2018	2019/1/31	314
18	2018	2019/2/28	573
19	2018	2019/3/31	468
20	2019	2019/4/30	327

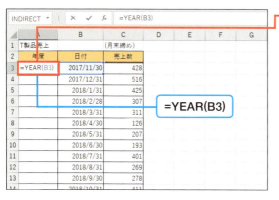

❶ 年度を求めるセル A3 に「=YEAR(B3)」と入力し、

MEMO 年を取り出す

「=YEAR(B3)」は、セルB3の日付から年を取り出します。

❷ 続けて「-(MONTH(B3)<4)」と入力します。

MEMO 月を取り出す

「-(MONTH(B3)<4)」は、セルB3の日付から月を取り出し、その月が4未満の場合は「TRUE」(1)、4以上の場合は「FALSE」(0)を求めます。結果、1〜3月は-1年(前年度)で取り出されます。

❸ 年度が取り出されます。
❹ 数式をほかのセルにコピーします。

COLUMN

年度を求める別の方法

年度は4月から翌年の3月までで、西暦の1年とは3か月のずれがあります。この3か月の差を利用して、「=YEAR(EDATE(B3,-3))」という数式で年度を求めることもできます。

243

SECTION

100

日付・時刻の計算

対応バージョン　2016　2013　2010　2007

DATE
WORKDAY.INTL

第3月曜日の日付を求める

指定した月の第3月曜日の日付を求めるような場合は、DATE関数とWORKDAY.INTL関数を組み合わせます。DATE関数で月初めの日付データを作成し、それをWORKDAY.INTL関数の「開始日」に指定して曜日を求めます。

》 指定した月の第3月曜日の日付を求める

書式 **=DATE(年,月,日)**

説明 「年」「月」「日」の数値から日付データを作成します。

書式 **=WORKDAY.INTL(開始日,日数[,週末][,祭日])**

説明 「週末」および「祭日」で指定した日数を除き、「開始日」に指定した日付から「日数」後や前のシリアル値を求めます。「日数」に正の数を指定すると、日数後の日付が、負の数を指定すると、日数前の日付が求められます。「週末」では、以下の週末番号で除く曜日を指定します。Excel 2010で追加された関数です。

週末番号	週末の曜日
1または省略	土曜と日曜
2	日曜と月曜
3	月曜と火曜
4	火曜と水曜
5	水曜と木曜
6	木曜と金曜
7	金曜と土曜

週末番号	週末の曜日
11	日曜のみ
12	月曜のみ
13	火曜のみ
14	水曜のみ
15	木曜のみ
16	金曜のみ
17	土曜のみ

	A	B	C	D	E
1	2018 年支払日確認				
2	＊支払は支払月の第3月曜日				
3	支払月	支払金額	支払日		
4	10月	413,560	2018/10/15(月)		
5	11月	1,028,300	2018/11/19(月)		
6	12月	932,040	2018/12/17(月)		
7					

指定月の第3週を取り出して、月曜の日付を求めます。

244

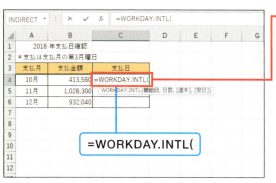

❶ 支払日を求めるセル C4 に「=WORKDAY.INTL(」と入力し、

MEMO 年と月の設定

指定する月を取り出すためには、表に年と月を設定しておく必要があります。ここでは、年をセルA1に指定しています。

❷ 続けて「DATE($A$1,A4,1)-1, 3,"0111111")」と入力します。

MEMO 支払日を求める

「WORKDAY.INTL(DATE($A$1,A4,1)-1,3,"0111111")」は、DATE関数で作成した「2018/10/1」を開始日とした月の3つ目の月曜日の日付を求めます。

❸ 支払い月の第3月曜日の日付が求められます。
❹ 数式をほかのセルにコピーします。

MEMO 表示形式を変更する

表示形式が「標準」の場合は、シリアル値が表示されます。ここでは、＜ユーザー定義＞で「yyyy/m/d(aaa)」の形式にしています（P.258参照）。

COLUMN

引数「週末」の指定

WORKDAY.INTL関数では、引数「週末」に稼働日を「0」、非稼働日を「1」として、月曜日から日曜日までを7ケタの数値で表すことができます。求めたい曜日（ここでは月曜日）を「0」で指定します。

月	火	水	木	金	土	日
0	1	1	1	1	1	1

SECTION 101 日付・時刻の計算

対応バージョン： 2016 / 2013 / 2010 / 2007

SUM

合計した時間を ○時間○分と表示する

時間の合計などは、通常の数値と同様にSUM関数を使用して計算することができますが、合計が24時間を超えると、結果が正しく表示されないことがあります。これを正しく表示するには、＜セルの書式設定＞ダイアログボックスで表示形式を変更します。

» 合計時間が24時間以上でも正しく表示させる

書式 =SUM(数値1[,数値2,…])

説明 指定したセル範囲に含まれるすべての数値の合計を求めます。

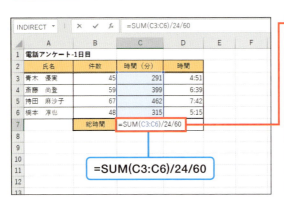

合計を算出して、表示形式を変更します。

① 時間を合計するセル C7 に「=SUM(C3:C6)/24/60」と入力します。

MEMO 単位を調整する

「=SUM(C3:C6)/24/60」は、分単位の合計時間を時分単位にします。

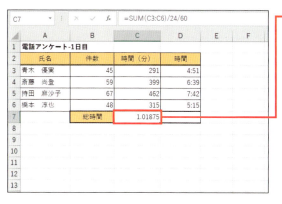

❷ 時間が計算されますが、数値で表示されています。

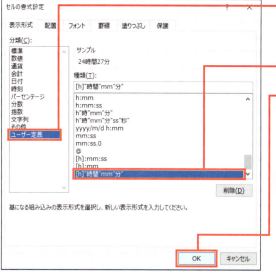

❸ <セルの書式設定>ダイアログボックスを表示して(P.258参照)、<ユーザー定義>をクリックします。

❹ <種類>の「[h]"時間"mm"分"」をクリックして、

❺ <OK>をクリックします。

MEMO <種類>を指定する

時間の「h」を「[ ]」(大かっこ)で囲むと、24時間以上の表示になります。<種類>のリスト内に候補がない場合は、テキストボックスに直接入力します。

❻ 合計時間が正しく表示されます。

MEMO 表示形式を変更する

セルD7の「24：27」のように表示したい場合は、<ユーザー定義>の種類を「[h]:mm」と入力します。

| 対応バージョン | 2016 | 2013 | 2010 | 2007 |

TEXT
TIMEVALUE

SECTION 102

日付・時刻の計算

時刻の秒を切り捨てる

秒を切り捨てるには、TEXT関数を使用して、表示形式を「[h]:mm」にします。なお、TEXT関数では、時刻データを「00：00」という時刻文字列に変換するため、TIMEVALUE関数またはVALUE関数を使用して時刻データに変換し直す必要があります。

≫ 秒を切り捨てた時刻を表示する

書式 =TEXT(値,表示形式)

説明 「値」で指定した数値に「表示形式」を設定して文字列に変換します。「表示形式」には数値の書式を「""」で囲んで指定します。時刻の表示形式には右表のようなものがあります。

表示形式	表示例
h:mm AM/PM	9:30 AM
h:mm	9:30
h:mm:ss	9:30:45
h 時 mm 分	9 時 30 分

書式 =TIMEVALUE(時刻文字列)

説明 文字列で表示された時刻を0(午前0時)〜0.999988426(午後11時59分59秒)までの数値(シリアル値)に変換します。

	N16	▼	:	×	✓	fx	

	A	B	C	D	E	F	G
1	データ処理時間管理表						
2	日付	開始時刻	終了時刻	所要時間	秒切り捨て	時刻データに変換	
3	7月2日(月)	10:01:25	16:29:38	6:28:13	6:28	6:28:00	
4	7月3日(火)	9:58:21	15:56:45	5:58:24	5:58	5:58:00	
5	7月4日(水)	7:05:58	23:18:48	16:12:50	16:12	16:12:00	
6	7月5日(木)	11:23:45	20:18:42	8:54:57	8:54	8:54:00	
7	7月6日(金)	5:00:26	23:45:08	18:44:42	18:44	18:44:00	
8							

「所要時間」の秒を切り捨てます。

秒を切り捨てた時刻文字列を時刻データに変換します。

248

❶ 秒を切り捨てるセルE3に「=TEXT(D3,"[h]:mm")」と入力します。

MEMO 秒を切り捨てる

「=TEXT(D3,"[h]:mm")」は、セルD3の時間を「[h]:mm」形式の時刻文字列に変換します。時間の「h」を「[]」(大かっこ)で囲むと、24時間以上の表示になります。

❷ 秒が切り捨てられた時刻が表示されるので、数式をほかのセルにコピーします。
❸ 時刻文字列を時刻データに変換するセルF3に「=TIMEVALUE(E3)」と入力します。

MEMO 表示形式を変更する

手順❸の結果はシリアル値で表示されるため、セルの表示形式を「[h]:mm:ss」に変更します。

❹ 時刻文字列が時刻データに変換されます。
❺ 数式をほかのセルにコピーします。

MEMO 時刻データを直接求める

ここではわかりやすいように、秒の切り捨てと時刻データの変換を分けて紹介していますが、直接時刻データを求める場合は、セルE3に「=TIMEVALUE(TEXT(D3,"[h]:mm"))」と入力します。

COLUMN

24時間を超える場合はVALUE関数を使用する

TIMEVALUE関数では24時間を超える時刻文字列を変換することはできません。この場合は、VALUE関数を使用します。手順❸で「=VALUE(E3)」と入力します。VALUE関数は、文字列として入力されている数字を数値に変換する関数です。

SECTION
103
日付・時刻の計算

対応バージョン 2016 / 2013 / 2010 / 2007

勤務時間を15分単位で切り上げる／切り捨てる

CEILING.MATH
FLOOR.MATH
MAX

勤務時間の端数は、15分単位で切り上げ、切り捨てるのが一般的です。切り上げるには CEILING.MATH関数、切り捨てるにはFLOOR.MATH関数を使用します。ここでは、出勤は 15分単位で切り上げ、退勤は15分単位で切り捨てた勤務時間を計算します。

» 15分単位で出勤は切り上げ、退勤は切り捨てる

書式 **=CEILING.MATH(数値[,基準値][,モード])**

説明 指定した「基準値」の倍数のうち、最も近い値に「数値」を切り上げます。「数値」が負の場合は、切り上げる方向を「モード」で指定します。Excel 2010／2007ではCEILING関数を使います。

書式 **=FLOOR.MATH(数値[,基準値][,モード])**

説明 指定した「基準値」の倍数のうち、最も近い値に「数値」を切り捨てます。「数値」が負の場合は、切り捨てる方向を「モード」で指定します。Excel 2010／2007ではFLOOR関数を使います。

書式 **=MAX(数値1[,数値2,…])**

説明 数値の最大値を求めます。

	A	B	C	D	E	F	G	H
1	勤務時間台帳							
2	日付	出勤時刻	退勤時刻	勤務時間				
3	9月3日(月)	8:52	17:32	7:30				
4	9月4日(火)	9:03	18:01	7:45				
5	9月5日(水)	8:58	18:13	8:00				
6	9月6日(木)	9:33	17:58	7:00				
7	9月7日(金)	8:42	17:29	7:15				
8	9月10日(月)	9:12	17:56	7:30				
9	9月11日(火)	8:23	18:02	8:00				
10	9月12日(水)	8:55	17:44	7:30				
11	9月13日(木)	9:50	17:26	6:15				
12	9月14日(金)	13:00	19:25	5:15				
13								

出勤は15分単位で切り上げ、退勤は15分単位で切り捨てた勤務時間を求めます。

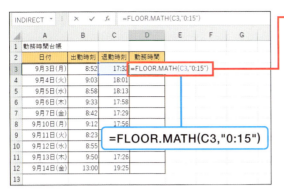

❶ 勤務時間を計算するセルD3に「=FLOOR.MATH(C3,"0:15")」と入力し、

MEMO 切り捨ての指定

「=FLOOR.MATH(C3,"0:15")」では、セルC3の退勤時刻を15分単位で切り捨てます。「単位」に時間を指定する場合は、「0:15」とします。

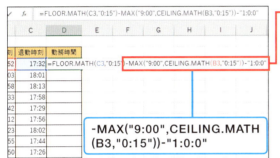

❷ 続けて「-MAX("9:00",CEILING.MATH(B3,"0:15"))-"1:0:0"」と入力します。

MEMO 切り上げの指定

手順❷では、15分単位で切り上げた出勤時刻と「9:00」を比較して、遅いほうの時刻を出勤時刻として求めます。「-"1:0:0"」で休憩時間を1時間マイナスします。

❸ 出勤は15分単位で切り上げ、退勤は15分単位で切り捨てた勤務時間が求められます。
❹ 数式をほかのセルにコピーします。

MEMO 表示形式を変更する

時間の計算結果は、シリアル値で表示されるので、セルの表示形式を「時刻」に変更する必要があります。

COLUMN

FLOOR関数、CEILING関数を使う

Excel2010 / 2007の場合は、FLOOR関数、CEILING関数を使います。

=FLOOR(C3,"0:15")-MAX("9:00",CEILING(B3,"0:15"))-"1:0:0"

SECTION 104 勤務時間を20分単位で切り上げ／切り捨てて計算する

日付・時刻の計算

対応バージョン 2016 / 2013 / 2010 / 2007

`FLOOR.MATH`
`CEILING.MATH`

勤務時間の計算で、時間の切り上げ、切り捨てはそれぞれの各企業によって異なります。ここでは、0～20分未満は切り捨て、20～40分未満は30分、40～60分は60分として計算します。切り上げはCEILING.MATH関数を、切り捨てはFLOOR.MATH関数を使用します。

》 20分単位で処理の方法を指定する

 =FLOOR.MATH(数値[,基準値][,モード])

説明：指定した「基準値」の倍数のうち、最も近い値に「数値」を切り捨てます。「数値」が負の場合は、切り捨てる方向を「モード」で指定します。Excel 2010／2007ではFLOOR関数を使います。

 =CEILING.MATH(数値[,基準値][,モード])

説明：指定した「基準値」の倍数のうち、最も近い値に「数値」を切り上げます。「数値」が負の場合は、切り上げる方向を「モード」で指定します。Excel 2010/2007ではCEILING関数を使います。

	A	B	C	D	E
1	勤務時間台帳			(休憩含む)	
2	日付	出勤時刻	退勤時刻	規定時間	時間外勤務
3	10月1日(月)	8:52	18:25	8:00	1:30
4	10月2日(火)	9:03	19:43	8:00	3:00
5	10月3日(水)	8:58	18:40	8:00	2:00
6	10月4日(木)	9:33	19:56	8:00	2:30
7	10月5日(金)	8:28	18:15	8:00	2:00

0～20分未満は切り捨て、20～40分は30分、40～60分は60分で時間外の勤務時間を求めます。

252

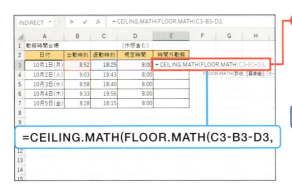

❶ 時間外の勤務時間を計算する
セルE3に「=CEILING.MATH
(FLOOR.MATH(C3-B3-D3,」
と入力し、

MEMO 時間外勤務時間を求める

「FLOOR.MATH(C3-B3-D3,」は、
「退勤時刻-出勤時刻-規定時間」
で時間外の勤務時間を計算します。

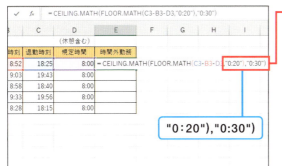

❷ 続けて「"0：20"),"0:30"")」と
入力します。

MEMO 切り捨て／切り上げの処理

「"0：20"),"0:30"")」は、求めら
れた時間外の勤務時間を20分単位
で切り捨て、30分単位で切り上げ
ます。

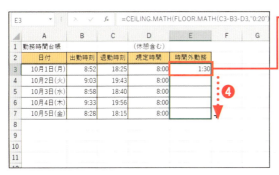

❸ 時間外の勤務時間が求められ
ます。
❹ 数式をほかのセルにコピーす
ると、

❺ 残りの日付の時間外の勤務時
間が求められます。

253

SECTION 105
日付・時刻の計算

24時間以上の時間から時と分を取り出す

対応バージョン：2016 / 2013 / 2010 / 2007

HOUR関数を使用すると時刻から時を取り出すことができますが、24時間を超える時間は正しく取り出すことができません。24時間以上の時間から時を取り出すにはDAY関数とHOUR関数を組み合わせます。分のみを取り出すにはMINUTE関数を使用します。

» 処理時間から時と分を取り出す

書式 =DAY(シリアル値)

説明 「シリアル値」に対応する日を1～31までの整数で取り出します。

書式 =HOUR(シリアル値)

説明 「シリアル値」に対応する時を0(午前0時)～23(午後11時)の範囲の整数で取り出します。

書式 =MINUTE(シリアル値)

説明 「シリアル値」に対応する分を0～59の範囲の整数で取り出します。

合計時間から、

時間のみ、分のみを取り出します。

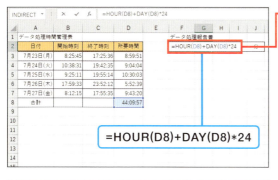

❶ 時間を求めるセルG2に「=HOUR(D8)+DAY(D8)*24」と入力します。

MEMO 時間を取り出す

手順❶では、「HOUR(D8)」で取り出した時と、「DAY(D8)*24」でセルD8から日を取り出し、24を掛けて時間に換算した時とを足し算します。

❷ 時間が取り出されます。

MEMO 表示形式を変更する

手順❷の結果は時刻形式で表示されるため、セルの表示形式を「数値」に変更します。

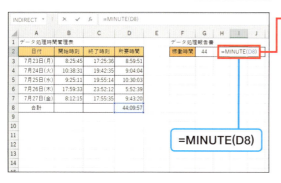

❸ 分を求めるセルI2に「=MINUTE(D8)」と入力します。

MEMO 分を取り出す

「MINUTE(D8)」でセルD8（合計時間）から分を取り出します。

❹ 分が取り出されます。

255

| SECTION | 対応バージョン | 2016 | 2013 | 2010 | 2007 |

SECTION
106
日付・時刻の計算

一定時間を過ぎると料金を上げる計算をする

ROUNDUP
MAX

駐車場や貸会議室などの利用料は、一定時間を過ぎると分単位や時間単位で料金が変更される場合があります。一定時間を超えると料金が上がる計算をするには、ROUNDUP関数とMAX関数を組み合わせます。

≫ 2時間までは30分300円、以降は30分500円で料金を計算する

書式 =ROUNDUP(数値,桁数)

説明 指定した「桁数」になるように「数値」を切り上げます。

書式 =MAX(数値1[,数値2,…])

説明 数値の最大値を求めます。

	A	B	C	D	E	F
1	レンタルスペース利用料				利用料金	
2	会議室No	利用時間	料金		2時間まで30分	300
3	101	2:45	2,200		以降30分ごと	500
4	105	1:35	1,200			
5	203	3:30	2,700			
6						
7						
8						
9						
10						
11						
12						

N18

2時間までは30分300円、以降は30分500円で料金を計算します。

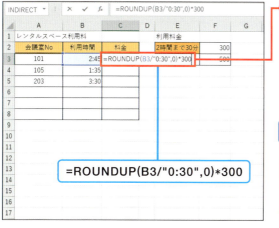

❶ 料金を求めるセル C3 に「=ROUNDUP(B3/"0:30",0)＊300」と入力し、

MEMO 基本料金

「=ROUNDUP(B3/"0:30",0)＊300」は、セルB3の利用時間を30分で割り、小数点以下を切り上げて整数にし、基本の料金（300円）を掛けて金額を求めます。

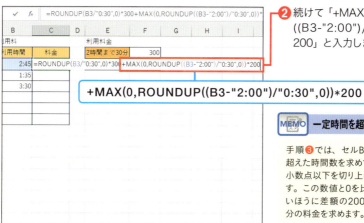

❷ 続けて「+MAX(0,ROUNDUP((B3-"2:00")/"0:30",0))＊200」と入力します。

MEMO 一定時間を超えた時間の料金

手順❸では、セルB3から2時間を超えた時間数を求めて30分で割り、小数点以下を切り上げて整数にします。この数値と0を比較して、大きいほうに差額の200を掛け、追加分の料金を求めます。

❸ 2時間までは30分300円、以降は30分500円で利用料金が求められます。
❹ 数式をほかのセルにコピーします。

COLUMN

日付と時刻の表示形式を変更する

Excelでは、日付や時刻のデータを「シリアル値」と呼ばれる数値で管理しています。セルに入力されたデータが日付や時刻として認識されると、自動的に日付や時刻の表示形式が設定されます。自動的に設定された表示形式は、別の形式に変更することもできます。
また、シリアル値として表示された計算結果を日付や時刻形式に変更することもできます。
表示形式の変更は、<ホーム>タブの<書式>をクリックして<セルの書式設定>をクリックするか、<数値>グループの をクリックすると表示される<セルの書式設定>ダイアログボックスで設定します。<表示形式>の<分類>から<日付>または<時刻>をクリックし、<種類>から使用したい表示形式を選択します。
<日付>や<時刻>に使用したい表示形式がない場合は、<ユーザー定義>をクリックして、書式記号を使って設定します。利用できるおもな書式記号は、下表のとおりです。

❶ <分類>で<ユーザー定義>をクリックして、

❷ <種類>に目的の書式を入力し、

❸ <OK>をクリックします。

書式記号

記号	意味
yy	西暦を下2桁で表示します
yyyy	西暦を4桁で表示します
m	月を表示します
mm	月を2桁で表示します（01）
d	日を表示します
dd	日を2桁で表示します（01）
aaa	曜日の漢字1文字を表示します（日）
h	時刻（0〜23）を表示します
m	分（0〜59）を表示します
s	秒（0〜59）を表示します

第6章

文字列を操作する
組み合わせ技

SECTION

107

文字列の操作

対応バージョン　2016　2013　2010　2007

MID
LEFT

住所から都道府県名を取り出す

都道府県名のうち4文字のものは神奈川県、和歌山県、鹿児島県の3つで、そのほかはいずれも3文字です。4文字のものはいずれも県なので、MID関数で4文字目が「県」かどうかで条件式を作成し、県の場合は先頭から4文字を、違う場合は3文字を取り出します。

》 4文字目が「県」かどうかを調べて都道府県名を取り出す

書式 =MID(文字列,開始位置,文字数)

説明 「文字列」の指定位置から、指定された数の文字を取り出します。半角と全角の区別なく、1文字を1とします。

書式 =LEFT(文字列[,文字数])

説明 「文字列」の先頭から「文字数」で指定した数の文字（省略すると1文字）を取り出します。半角と全角の区別なく、1文字を1とします。

	A	B	C
1	関東地方気象台所在地		
2	名称	住所	都道府県名
3	東京管区	東京都千代田区大手町1-3-4	東京都
4	水戸地方	茨城県水戸市金町1-4-6	茨城県
5	宇都宮地方	栃木県宇都宮市明保野町1-4	栃木県
6	前橋地方	群馬県前橋市大手町2-3-1	群馬県
7	熊谷地方	埼玉県熊谷市桜町1-6-10	埼玉県
8	銚子地方	千葉県銚子市川口町2-6431	千葉県
9	横浜地方	神奈川県横浜市中区山手町99	神奈川県
10			
11			
12			
13			

住所から都道府県名を取り出します。

❶ 都道府県名を取り出すセル C3 に「=LEFT(B3」と入力し、

📝MEMO 文字を取り出す

「LEFT(B3」では、住所の左から文字を取り出すために、セルB3を指定しています。

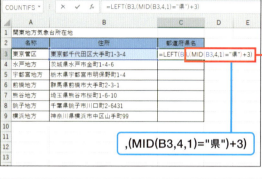

❷ 続けて「,(MID(B3,4,1)=" 県 ")+3)」と入力します。

📝MEMO 取り出す文字数

手順❷では、セルB3から4文字目を取り出し、「県」の場合は「1」を、それ以外は「0」を返します。「+3」はLEFT関数で取り出す文字数を調整するためのものです。

❸ 都道府県名が取り出されます。
❹ 数式をほかのセルにコピーします。

📎 COLUMN

IF関数を使った数式

都道府県名を取り出すには、IF関数を使用しても可能です。この数式では、MID関数で住所の左側から4文字目の文字だけを取り出し、「県」の場合はLEFT関数で先頭から4文字を、それ以外は3文字を取り出します。

=IF(MID(B3,4,1)="県", LEFT(B3,4), LEFT(B3,3))

261

SECTION	対応バージョン	2016	2013	2010	2007

SECTION 108
文字列の操作

住所から市区町村名と番地を取り出す

LEN
LENB
RIGHT
MID

住所の市区町村名を取り出すには、都道府県名の次の文字から市区町村の文字数を求めて、MID関数で取り出します。はじめに都道府県名を取り出し（SECTION 107参照）、続いて、番地と市区町村名を取り出します。

≫ 番地と市区町村名を取り出す

書式 =LEN(文字列)

説明 文字列の文字数を求めます。半角と全角の区別なく、1文字を1とします。

書式 =LENB(文字列)

説明 「文字列」のバイト数を求めます。半角は1バイト、全角は2バイトとします。

書式 =RIGHT(文字列[,文字数])

説明 「文字列」の右端（末尾）から「文字数」で指定した数の文字（省略すると1文字）を取り出します。半角と全角の区別なく、1文字を1とします。

書式 =MID(文字列,開始位置,文字数)

説明 「文字列」の指定位置から、指定された数の文字を取り出します。半角と全角の区別なく、1文字を1とします。

	A	B	C	D	E	F
1	関東地方気象台所在地					
2	名称	住所	県名	市区町村	番地	
3	東京管区	東京都千代田区大手町1-3-4	東京都	千代田区大手町	1-3-4	
4	水戸地方	茨城県水戸市金町1-4-6	茨城県	水戸市金町	1-4-6	
5	宇都宮地方	栃木県宇都宮市明保野町1-4	栃木県	宇都宮市明保野町	1-4	
6	前橋地方	群馬県前橋市大手町2-3-1	群馬県	前橋市大手町	2-3-1	
7	熊谷地方	埼玉県熊谷市桜町1-6-10	埼玉県	熊谷市桜町	1-6-10	
8	銚子地方	千葉県銚子市川口町2-6431	千葉県	銚子市川口町	2-6431	
9	横浜地方	神奈川県横浜市中区山手町99	神奈川県	横浜市中区山手町	99	

住所から市区町村名を取り出します。

住所から番地を取り出します。

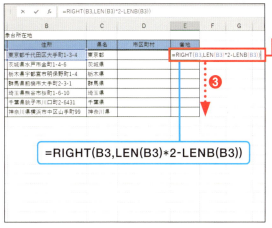

❶ P.260を参考に都道府県名を取り出します。
❷ 番地を取り出すセルE3に「=RIGHT(B3,LEN(B3)*2-LENB(B3))」と入力します。
❸ 入力した数式をほかのセルにコピーします。

MEMO 番地を取り出す

手順❷では、セルB3の文字数を2倍し、バイト数を引き算することで半角の文字数を求め、その文字数分を右端から取り出します。

❹ 市区町村名を取り出すセルD3に「=MID(B3,LEN(C3)+1,LEN(B3)-LEN(C3&E3))」と入力します。

MEMO 市区町村名を取り出す

市区町村名を取り出す位置は、都道府県名の文字数に1を足したものです。その位置から、住所全体の文字数から都道府県名と番地の文字数を引いて求めた文字数を取り出します。

❺ 市区町村名が取り出されます。
❻ 数式をほかのセルにコピーします。

263

SECTION
109
文字列の操作

対応バージョン 2016 2013 2010 2007

名前のデータを
姓と名に分ける

FIND
LEFT
LEN
MID

名前データの姓と名の間にスペースなどの目印がある場合は、FIND関数で目印の位置を調べて、LEN関数で姓と名の文字数を求めます。求めた文字数をLEFT関数とMID関数の引数にして、それぞれの姓と名を取り出します。

≫ スペースを目印にして姓と名を別々に取り出す

書式 =FIND(検索文字列,対象[,開始位置])

説明 「検索文字列」が「対象」に指定した文字列内の何文字目にあるかを検索します。「開始位置」には、検索を開始する「対象」の文字位置を指定します。省略した場合は「対象」の先頭から検索します(P.54 参照)。

書式 =LEFT(文字列[,文字数])

説明 「文字列」の先頭から「文字数」で指定した数の文字(省略すると1文字)を取り出します。半角と全角の区別なく、1文字を1とします。

書式 =LEN(文字列)

説明 「文字列」の文字数を求めます。半角と全角の区別なく、1文字を1とします。

書式 =MID(文字列,開始位置,文字数)

説明 「文字列」の指定位置から、指定された数の文字を取り出します。半角と全角の区別なく、1文字を1とします。

	A	B	C	D	E	F	G
1	氏名	姓	名				
2	安室 祐大	安室	祐大				
3	榎本 穣	榎本	穣				
4	岡田 准治	岡田	准治				
5	外園 雅人	外園	雅人				
6	五十嵐 啓斗	五十嵐	啓斗				
7	北村 政美	北村	政美				

スペースで区切られた名前のデータを、

姓と名に分けます。

264

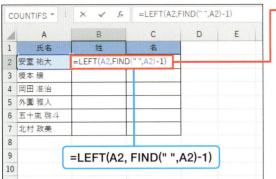

❶ 姓を取り出すセルB2に「=LEFT(A2,FIND(" ",A2)-1)」と入力します。

MEMO 姓を取り出す

手順❶では、セルA2の文字列の先頭から「 」（半角スペース）までの文字数を求め、「-1」で姓の文字数だけにし、LEFT関数で取り出します。

❷ 姓が取り出されます。
❸ 名を取り出すセルC2に「=MID(A2,FIND(" ",A2)+1,LEN(A2))」と入力して、
❹ それぞれの数式をほかのセルにコピーします。

MEMO 名前を取り出す

「FIND(" ",A2)」で求めた文字数は姓に半角スペースの1文字を加えた値なので、+1して名の先頭を求め、セルA2の指定した位置から「LEN(A2)」で求めた文字数までの文字列を取り出します。

COLUMN

全角と半角のスペースが混在する場合は

姓と名の間のスペースが半角か全角のどちらかで統一されていれば、それを区切りの目印として指定しますが、半角と全角が混在している場合は、ISERROR関数を使用して両方に対応させることができます。

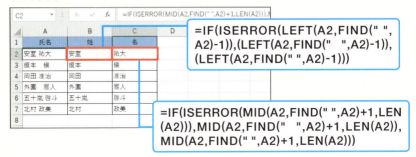

	対応バージョン	2016	2013	2010	2007

SECTION
110
文字列の操作

基準となる文字までの
データを取り出す

FIND
MID
LEFT
SUBSTITUTE

文字列データの中から基準となる文字や記号を目印にしてデータを取り出すには、FIND関数で文字列の先頭から目印の位置までを求め、MID関数やLEFT関数、SUBSTITUTE関数を利用します。取り出す位置によって利用する関数が異なります。

》 「・」で区切られた品名から機器名と型番を取り出す

書式 =FIND(検索文字列,対象[,開始位置])

説明 P.54を参照してください。

書式 =MID(文字列,開始位置,文字数)

説明 「文字列」の指定位置から、指定された数の文字を取り出します。半角と全角の区別なく、1文字を1とします。

書式 =LEFT(文字列[,文字数])

説明 「文字列」の先頭から「文字数」で指定した数の文字(省略すると1文字)を取り出します。半角と全角の区別なく、1文字を1とします。

書式 =SUBSTITUTE(文字列,検索文字列,置換文字列[,置換対象])

説明 文字列中の「検索文字列」で指定された文字列を、「置換文字列」で指定した文字列に置き換えます。「置換対象」を指定した場合、検索文字列中の置換対象文字列だけが置き換えられます。

	A	B	C	D	E
2	品名	機器名	型番		
3	タブレット・JP-1234	タブレット	JP-1234		
4	モバイルパソコン・IP-0070	モバイルパソコン	IP-0070		
5	モバイルパソコン・NP-050	モバイルパソコン	NP-050		
6	ノートパソコン・HP-8900	ノートパソコン	HP-8900		
7	ノートパソコン・HT-9990	ノートパソコン	HT-9990		
8	プロジェクター・MK-3012	プロジェクター	MK-3012		
9					

品名の先頭から「・」の前の文字までを取り出します。

品名から型番を取り出します。

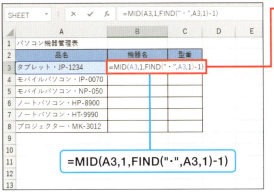

❶ 機器名を取り出すセルB3に「=MID(A3,1,FIND("・",A3,1)-1)」と入力します。

MEMO 機器名を取り出す

手順❶では、セルA3の先頭から目印の「・」までの位置を求め、「・」の1文字分を引いて、機器名の文字数分の文字列を取り出します。

❷ 機器名が取り出されます。
❸ 型番を取り出すセルC3に「=SUBSTITUTE(A3,LEFT(A3,FIND("・",A3,1)),"")」と入力します。
❹ それぞれの数式をほかのセルにコピーします。

MEMO 型番を取り出す

手順❸では、セルA3の文字列の先頭から「・」までの文字列を求め、求めた文字列を、「""」（空文字）に置き換えることで、品名の文字列から型番だけを取り出します。

COLUMN

文字を指定して取り出す別の方法

基準となる文字を指定してデータを取り出す方法は1つではありません。たとえば下図（基準の文字は「屋」）では、セルA3の先頭から「屋」までの位置を求め、求めた文字数までの文字をLEFT関数で取り出します。次にセルA3の文字数から「屋」までの位置を引いて役者名の文字数を求め、RIGHT関数（P.262参照）でA3の右端から役者名の文字数分を取り出します。

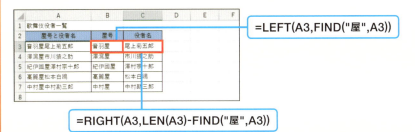

267

対応バージョン 2016 2013 2010 2007

SECTION 111 文字列の操作

REPLACE

数字を日付の形式に変換する

「20180401」のような日付の表示は見やすいとはいえません。「2018/4/1」のような日付形式にするには、REPLACE関数を使用して指定した位置に「/」を挿入します。なお、REPLACE関数は一度に複数の置き換えができないので、2回に分けて「/」を挿入します。

≫ 2段階で「/」を挿入して変換する

書式 =REPLACE(文字列,開始位置,文字数,置換文字列)

説明 「文字列」に含まれる指定された「開始位置」からの「文字数」の文字を、「置換文字列」で指定した文字に置き換えます。文字数が0の場合は、「置換文字列」が開始位置に挿入されます。

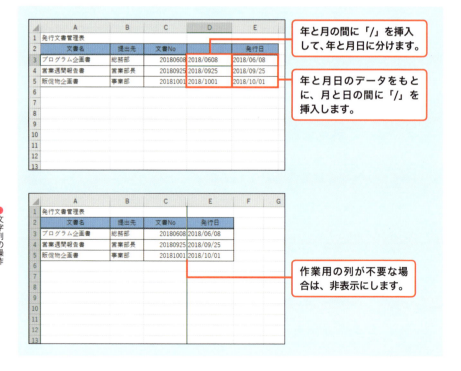

年と月の間に「/」を挿入して、年と月日に分けます。

年と月日のデータをもとに、月と日の間に「/」を挿入します。

作業用の列が不要な場合は、非表示にします。

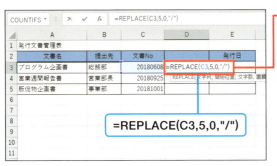

❶ 作業用のセルD3に「=REPLACE(C3,5,0,"/")」と入力します。

MEMO 西暦の「/」を挿入する

「=REPLACE(C3,5,0,"/")」は、セルC3の5文字目から0文字を置換します。文字数を0に指定しているので、5文字目には置換文字列「/」が挿入されます。

❷ 年と月の間に「/」が挿入されます。
❸ 発行日を表示するセルE3に「=REPLACE(D3,8,0,"/")」と入力します。
❹ それぞれの数式をほかのセルにコピーします。

MEMO 月の「/」を挿入する

「=REPLACE(D3,8,0,"/")」は、D3の文字列の8文字目から0文字を置換します。文字数を0に指定しているので、8文字目には置換文字列「/」が挿入されます。

COLUMN

作業用の列を非表示にする

REPLACE関数を使用して2か所に「/」を挿入するには、作業用の列を使用して2回に分けて挿入する必要があります。実際の表では作業用の列を表示する必要がないので、非表示にしておくとよいでしょう。作業用の列番号を右クリックして、＜非表示＞をクリックします。

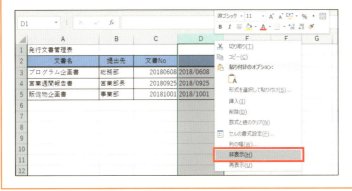

269

SECTION 112 文字列の操作

対応バージョン 2016 2013 2010 2007

改行と余計なスペースを削除する

CHAR
SUBSTITUTE
TRIM

セルに入力された複数行のデータを1行にまとめたい場合は、CHAR関数を使用して改行を削除します。ただし、単純に改行だけを削除するとデータが連続されるので、ここではSUBSTITUTE関数を使用して改行をスペースに変換し、データを見やすくします。

≫ 改行コードをスペースに変換して余分なスペースを削除する

 =CHAR(数値)

 「数値」で指定した文字コードに対応する文字を返します。改行やタブなどの画面表示されない制御文字などを扱う場合に使用します。改行の文字コードは「10」です。

 =SUBSTITUTE(文字列,検索文字列,置換文字列[,置換対象])

 文字列中の「検索文字列」で指定された文字列を、「置換文字列」で指定した文字列に置き換えます。「置換対象」を指定した場合、検索文字列中の置換対象文字列だけが置き換えられます。

 =TRIM(文字列)

「文字列」で指定した文字列の各単語間のスペースを1つ残し、不要なスペースをすべて削除します。

セル内の改行を、全角スペースに変換します（改行がなくなり、全角スペースで区切られた1行になります）。

文字列中に連続するスペースがある場合は、最初のスペースを残して、それ以外は削除します。

❶ 改行を削除したデータを表示するセルC3に「=TRIM(」と入力し、

MEMO　スペースを削除する

「=TRIM(」は、カッコ内の文字列中に連続するスペースがある場合、最初の1つを残してほかのスペースを削除します。

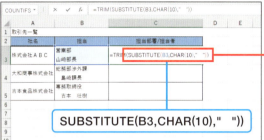

❷ 続けて「SUBSTITUTE(B3, CHAR(10)," "))」と入力します。

MEMO　改行をスペースに変換する

手順❷では、変換する文字列のあるデータのセルB3を指定して、改行を表すCHAR(10)を全角スペース（" "）に変換します。

❸ 複数行のデータが1行に表示されます。
❹ 数式をほかのセルにコピーします。

COLUMN

TRIM関数で削除される文字

TRIM関数は、データの単語間にあるスペースを1つ残して不要なスペースを削除します。また、データの前後のスペースや改行など一部の制御コードも削除の対象になります。データを連結する際に、TRIM関数を使うとデータの前後のスペースを削除できます。

271

対応バージョン 2016 \ 2013 \ 2010 \ 2007

SECTION
113
文字列の操作

漢数字を
算用数字に置換する

MID
FIND
ISERROR
CONCATENATE

漢数字で入力されたデータを算用数字のデータにするには、MID関数を使用してデータから1文字ずつ取り出し、漢数字であればFIND関数を使用して算用数字に置換します。最後に1文字ずつにしたものをCONCATENATE関数で連結し、1つのデータに戻します。

》 データ内を検索して漢数字を算用数字に置換する

書式 **=MID(文字列,開始位置,文字数)**

説明 「文字列」の指定位置から、指定された数の文字を取り出します。半角と全角の区別なく、1文字を1とします。

書式 **=FIND(検索文字列,対象[,開始位置])**

説明 P.54を参照してください。

書式 **=ISERROR(テストの対象)**

説明 「テストの対象」で指定したセルの値や数式の結果がエラー値の場合は「TRUE」を、エラー値でない場合は「FALSE」を返します。

書式 **=IF(論理式[,真の場合][,偽の場合])**

説明 P.42を参照してください。

書式 **=CONCATENATE(文字列1[,文字列2,…])**

説明 2つ以上の「文字列」を結合して、1つの文字列にします。

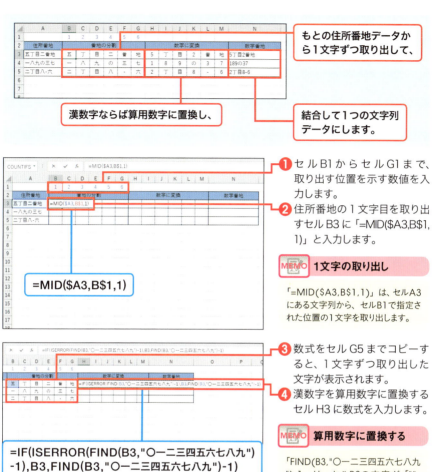

| 対応バージョン | 2016 | 2013 | 2010 | 2007 |

SECTION
114
文字列の操作

全角／半角や大文字／小文字を統一する

PROPER
ASC

英数字のデータを入力をする際に、大文字や小文字、全角文字や半角文字が混同することがありますが、あまり見栄えがよいとはいえません。このような場合は、PROPER関数やASC関数などを使用し、文字を統一します。

》 英数字のデータを半角・小文字に統一する

書式 **=PROPER(文字列)**

説明 英字文字列の単語の先頭の文字を大文字に変換します。それ以外の英字はすべて小文字にします。英字文字列がスペースで区切られている場合は、それぞれの英字文字列の先頭文字のみを大文字にします。

書式 **=ASC(文字列)**

説明 全角の英数カナ文字を半角の英数カナ文字に変換します。

全角と半角の混在しているローマ字の名前を、

先頭文字のみ大文字の半角文字に変換します。

274

❶ 変換したデータを入力するセル D3 に「=ASC(PROPER(C3))」と入力します。

> **MEMO 文字を変換する**
>
> 「=ASC(PROPER(C3))」は、セルC3の先頭の文字を大文字に、それ以外を小文字に変換した文字を半角の英文字に変換します。

❷ 先頭文字のみ大文字の半角英字に変換されます。
❸ 数式をほかのセルにコピーします。

さまざまな文字種に変換する

・全角英数カナ文字に変換する
JIS関数を使用して、半角の英数カナ文字を全角の英数カナ文字に変換します。

=JIS(PROPER(C3))

・大文字の全角英数カナ文字に変換する
UPPER関数で大文字に変換して、JIS関数で全角の英数カナ文字に変換します。

=JIS(UPPER(C3))

・半角小文字に変換する
LOWER関数で小文字に変換して、ASC関数で半角の英数カナ文字に変換します。

=ASC(LOWER(C3))

275

SECTION 115 文字列の操作

対応バージョン: 2016 / 2013 / 2010 / 2007

全角／半角を区別せずに文字列を比較する

関連関数: JIS / EXACT / IF

2つの文字列が一致しているかどうかを調べるにはEXACT関数を使用しますが、半角文字と大文字が混在している場合はそのままでは比較できません。このような場合は、JIS関数ですべてを全角の英数カナ文字に変換してから比較します。

≫ 住所データを全角の英数カナ文字に変換して比較する

書式 =JIS(文字列)

説明 半角の英数カナ文字を全角の英数カナ文字に変換します。

書式 =EXACT(文字列1, 文字列2)

説明 2つの「文字列」を比較して、完全に一致する場合はTRUEを、そうでない場合はFALSEを返します。文字列の大文字と小文字は区別されますが、セルの書式設定の違いは無視されます。

書式 =IF(論理式[,真の場合][,偽の場合])

説明 P.42を参照してください。

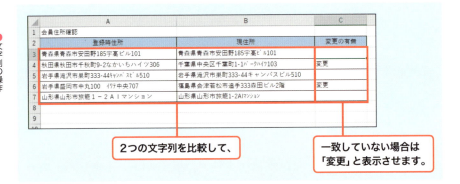

2つの文字列を比較して、一致していない場合は「変更」と表示させます。

276

❶ 判断結果を表示するセル C3 に「=IF(EXACT(JIS(A3),JIS(B3))」と入力し、

MEMO 文字列を比較する

手順❶では、セルA3とB3の住所を正確に比較するために、それぞれのデータをJIS関数で全角の英数カナ文字に変換し、完全に一致しているかどうかを判断します。

❷ 続けて「),"","変更")」と入力します。

MEMO 分岐の処理

「"","変更"」は、IF関数の分岐処理です。2つの住所が完全に一致する場合は「""」(空文字)を、一致しない場合は「変更」と表示します。

❸ 比較結果が表示されます。
❹ 数式をほかのセルにコピーします。

COLUMN

スペースなどが混在している場合

比較する文字列で、スペースの有無や、半角と全角などが統一されていない場合は、あらかじめSUBSTITUTE関数（P.270参照）でスペースを削除し、JIS関数で全角の英数カナ文字に変換してから比較します。

=IF(EXACT(JIS(SUBSTITUTE(SUBSTITUTE(A3," ","")," ","")),JIS(SUBSTITUTE(SUBSTITUTE(B3," ","")," ",""))),"","変更")

対応バージョン 2016 2013 2010 2007

SECTION

116
文字列の操作

全角／半角文字だけを取り出す

LEN
LENB
LEFT
RIGHT

文字列から全角文字もしくは半角文字だけを取り出すには、LEN関数とLENB関数で文字列の長さを調べます。これらの値の差を利用して、全角なのか半角なのかを判断し、LEFT関数やRIGHT関数で取り出します。

» 文字列から全角文字または半角文字だけを取り出す

書式 **=LEN(文字列)**

説明 「文字列」の文字数を求めます。半角と全角の区別なく、1文字を1とします。

書式 **=LENB(文字列)**

説明 「文字列」のバイト数を求めます。半角は1バイト、全角は2バイトとします。

書式 **=LEFT(文字列[,文字数])**

説明 「文字列」の先頭から「文字数」で指定した数の文字(省略すると1文字) を取り出します。半角と全角の区別なく、1文字を1とします。

書式 **=RIGHT(文字列[,文字数])**

説明 「文字列」の右端(末尾) から「文字数」で指定した数の文字(省略すると1文字) を取り出します。半角と全角の区別なく、1文字を1とします。

278

❶ 商品分類を取り出すセルB3に「=LEFT(A3,LENB(A3)-LEN(A3))」と入力します。
❷ 入力した数式をほかのセルにコピーします。

MEMO 商品分類を取り出す

手順❶では、「LENB(A3)」で文字列の長さを求め、「LEN(A3)」で文字数を求めます。その差をLEFT関数の文字数に指定して、セルA3の左側から取り出します。

❸ 商品番号を取り出すセルC3に「=RIGHT(A3,LENB(A3)」と入力し、

❹ 続けて「-(LENB(A3)-LEN(A3))*2)」と入力します。
❺ 入力した数式をほかのセルにコピーします。

MEMO 商品番号を取り出す

手順❸❹では、セルA3内の全角文字の数を求めて2倍したものを「LENB(A3)」で求めた全体のバイト数から引いて、半角文字の文字数を求めます。この文字数をセルA3の右側から取り出します。

SECTION 117 文字列の操作

文字列をセル参照に変換する

対応バージョン 2016 / 2013 / 2010 / 2007

ADDRESS
INDIRECT

指定した条件で表からデータを取り出すには、ADDRESS関数で条件からセル参照を表す文字列を作成します。作成された文字列はそのままではセル参照として使用できないので、INDIRECT関数でセル参照に変換します。

▶ 検索番号を入力して参照先のデータを取り出す

 書式 **=ADDRESS(行番号,列番号[,参照の種類][,参照形式][,シート名])**

説明 「行番号」と「列番号」からセル参照を表す文字列を作成します。「参照の種類」で絶対参照(「1」または省略)、複合参照(「2」で行固定、「3」で列固定)、相対参照(「4」)を、「参照形式」でA1形式またはR1C1形式を、「シート名」でほかのワークシートへの参照を作成できます。

 書式 **=INDIRECT(参照文字列[,参照形式])**

説明 「参照文字列」で指定したセル範囲を介し、ほかのセル範囲の内容を参照します。「参照形式」は、セル参照にR1C1形式のセルアドレスを使用したいときに「FALSE」で指定します(通常のA1形式の場合は省略可)。

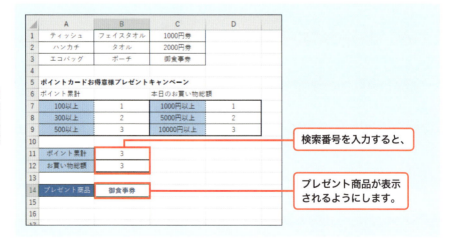

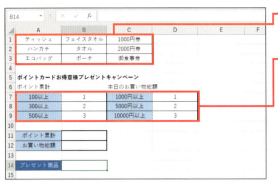

❶ ポイント累計と購入金額に対応したプレゼント一覧を作成します。

❷ ポイント累計と購入金額の検索番号を入力します。

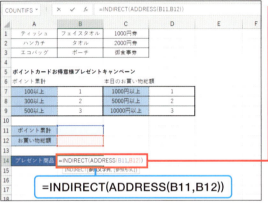

❸ プレゼント商品検索結果のセル B14 に「=INDIRECT(ADDRESS(B11,B12))」と入力します。

> **MEMO 参照文字列を作成する**
>
> 手順❸では、セルB11の数値を「行番号」、セルB12の数値を「列番号」としたときのセル参照の文字列を作成し、INDIRECT関数でセル参照に変換して、参照先のデータを取り出します。

❹ 検索番号を入力すると、
❺ プレゼント商品が表示されます。

COLUMN

プレゼント商品表を非表示にする

ポイント累計と購入金額からプレゼント商品を検索するための表は、不要であれば非表示にしておくとよいでしょう。非表示にする行を選択して右クリックし、<非表示>をクリックします。

SECTION 118 文字列をセル範囲に変換する

文字列の操作

対応バージョン: 2016 / 2013 / 2010 / 2007

INDIRECT
VLOOKUP

Excelでは、セル範囲に名前を付けることで、どの範囲を参照しているのかがわかりやすくなります。セルに入力されたセル範囲の名前を関数の引数として使用する場合は、INDIRECT関数を使用します。

≫ 範囲名をセル範囲に変換して参照する

書式 =INDIRECT(参照文字列[,参照形式])

説明 「参照文字列」で指定したセル範囲を介し、ほかのセル範囲の内容を参照します。「参照形式」は、セル参照にR1C1形式のセルアドレスを使用したいときに「FALSE」で指定します(通常のA1形式の場合は省略可)。

書式 =VLOOKUP(検索値,範囲,列番号[,検索方法])

説明 「検索値」を「範囲」の左端列で検索し、「列番号」に指定した列のデータを取り出します。「検索方法」には「1(TRUE)」(省略可) または「0(FALSE)」を指定します(P.53参照)。

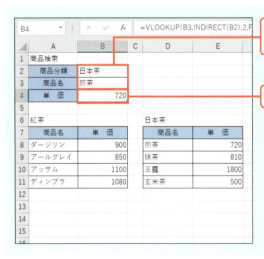

商品分類と検索する商品名を入力すると、

単価が表示されるようにします。

❶ セル範囲 A8:B11 に「紅茶」、
❷ セル範囲 D8:E11 に「日本茶」と範囲名を付けます。

MEMO セル範囲に名前を付ける

セルに範囲名を付けるには、セル範囲をドラッグして選択し、名前ボックスに名前を入力して [Enter] を押します。

❸ 単価を表示するセル B4 に「=VLOOKUP(B3,INDIRECT(B2),2,FALSE)」と入力します。

MEMO 検索値とセル範囲の指定

手順❸では、VLOOKUP関数で検索値のセルB3を指定し、INDIRECT関数でセルB2で指定した名前のセル範囲を参照します。

❹ 商品分類と商品名を入力すると、
❺ 単価が表示されます。

283

SECTION 119 最頻の文字列を求める

文字列の操作

対応バージョン： 2016 / 2013 / 2010 / 2007

MATCH
MODE.SNGL
INDEX

多くのデータの中から最も頻繁に出てくる値（最頻値）を表示するには、MATCH関数、MODE.SNGL関数、INDEX関数を組み合わせます。MODE.SNGL関数で最頻値を求めてMATCH関数で相対的な位置を求め、INDEX関数で最頻値のデータを表示します。

≫ 最も頻繁に出てくる値を検索して表示する

書式 =MATCH(検査値,検査範囲[,照合の種類])

説明 「照合の種類」に従って「検査範囲」内を検索し、「検査値」と一致するセルの相対的な位置を求めます。「照合の種類」に「0」を指定すると検査値と完全に一致する値を、省略するか「1」を指定すると検査値以下の最大値、「-1」を指定すると検査値以上の最小値が検索されます（P.51参照）。

書式 =MODE.SNGL(数値1[,数値2,…])

説明 指定したデータの中で、最も多く出現する値（最頻値）を求めます。最頻値が複数あるときは最初の値が求められます。Excel 2007ではMODE関数を使います。

書式 =INDEX(配列,行番号[,列番号])

説明 「行番号」と「列番号」が交差する位置にあるセル参照を求めます。「配列」が1行や1列の場合は、行番号や列番号を省略できます（P.50参照）。

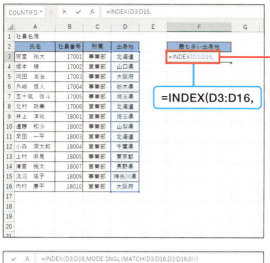

❶ 最も多い出身地を表示するセル F3 に「=INDEX(D3:D16,」と入力し、

MEMO セル範囲を指定する

「=INDEX(D3:D16,」は、データを取り出す値が入力されているセル範囲を指定しています。

❷ 続けて「MODE.SNGL(MATCH(D3:D16,D3:D16,0)))」と入力します。

MEMO 最頻値のデータを求める

手順❷では、セル範囲D3:D16を順に検査して、同じ場合は最初に見つかったデータの相対位置を求め、その中から最も多く出現する値をMODE.SNGL関数で求めます。

📄 COLUMN

Excel 2007ではMODE関数を使う

Excel 2007ではMODE.SNGL関数の代わりにMODE関数を使うことで、同じ結果が得られます。なお、Excel 2010以降でも従来のバージョンのExcelと互換性を保つために、MODE関数を使用できます。

=INDEX(D3:D16,MODE(MATCH(D3:D16,D3:D16,0)))

SECTION 120 指定した記号だけを数える

文字列の操作

対応バージョン：2016 / 2013 / 2010 / 2007

SUBSTITUTE
LEN

セルに入力された文字列の中から特定の記号の個数を数えたい場合は、全体の文字数から数えたい記号以外の文字数を引き算します。SUBSTITUTE関数で数えたい記号を空文字に置き換え、全体の文字数から数えたい記号を削除した文字数を引きます。

成績データから「○」の数を数える

書式 =SUBSTITUTE(文字列,検索文字列,置換文字列[,置換対象])

説明 文字列中の「検索文字列」で指定された文字列を、「置換文字列」で指定した文字列に置き換えます。「置換対象」を指定した場合、検索文字列中の置換対象文字列だけが置き換えられます。

書式 =LEN(文字列)

説明 「文字列」の文字数を求めます。半角と全角の区別なく、1文字を1とします。

試験の結果が入力されている各セルから、

「○」の数を求めます。

286

❶ 採点を求めるセル C3 に「=LEN(B3)」と入力し、

MEMO 全体の文字数を求める

「LEN(B3)」は、セルB3に入力されている文字列の文字数を求めます。

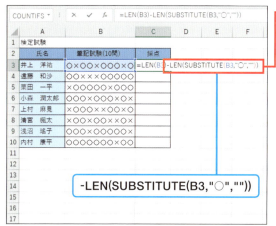

❷ 続けて「-LEN(SUBSTITUTE(B3,"○",""))」と入力します。

MEMO ○の数を数える

手順❷では、セルB3の「○」を「""」（空文字）に置き換え、LEN関数で残りの「×」の数を数えます。それをセル内の文字数から引き算することで、「○」の数を求めます。

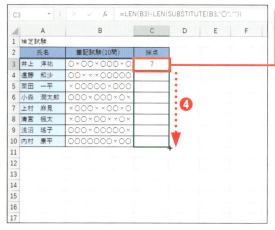

❸ 「○」の数が求められます。
❹ 数式をほかのセルにコピーします。

SECTION 121 文字列の操作

複数セルにわたって指定した記号の数を数える

対応バージョン： 2016 / 2013 / 2010 / 2007

SUBSTITUTE / LEN / SUM

LEN関数とSUBSTITUTE関数を組み合わせると、セルに入力されている文字列中の記号や文字数を数えることができます。複数のセルに入力されている文字列中の記号を数えたい場合は、さらにSUM関数を使用して配列数式で求めます。

» 指定した範囲の記号の数を数える

書式 =SUBSTITUTE(文字列,検索文字列,置換文字列[,置換対象])

説明 文字列中の「検索文字列」で指定された文字列を、「置換文字列」で指定した文字列に置き換えます。「置換対象」を指定した場合、検索文字列中の置換対象文字列だけが置き換えられます。

書式 =LEN(文字列)

説明 「文字列」の文字数を求めます。半角と全角の区別なく、1文字を1とします。

書式 =SUM(数値1[,数値2,…])

説明 指定したセル範囲に含まれるすべての「数値」の合計を求めます。

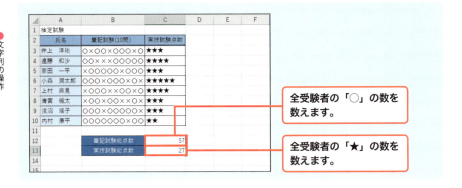

全受験者の「○」の数を数えます。

全受験者の「★」の数を数えます。

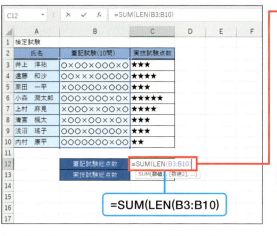

❶ 筆記試験総点数を求めるセルC12に「=SUM(LEN(B3:B10))」と入力し、

MEMO 筆記試験の文字数

「=SUM(LEN(B3:B10))」は、セル範囲B3:B10の文字数を数えます。

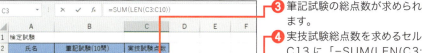

❷ 続けて「-LEN(SUBSTITUTE(B3:B10," ○ ",""))」と入力し、Ctrl + Shift + Enter を押します。

MEMO ○の数を数える

手順❷では、セル範囲B3:B10内の「○」を空文字に置き換え、LEN関数で残りの「×」の数を数えます。それをセル範囲内の文字数から引き算することで、「○」の数を求めます。

❸ 筆記試験の総点数が求められます。

❹ 実技試験総点数を求めるセルC13に「=SUM(LEN(C3:C10))」と入力し、Ctrl + Shift + Enter を押します。

MEMO 実技試験の文字数

「=SUM(LEN(C3:C10))」は、セル範囲C3:C10の文字数を数えます。

対応バージョン 2016 2013 2010 2007

SECTION
122
文字列の操作

全角文字／半角文字だけを数える

LEN
LENB

文字列中にある全角文字と半角文字の文字数をそれぞれ数えたい場合は、文字列全体の文字数と、大文字は2バイト、小文字は1バイトとして求めた文字列の総バイト数の差を利用して求めます。文字列の文字数はLEN関数、バイト数はLENB関数で求めます。

≫ 住所の全角文字と半角文字を別々に数える

書式 =LEN(文字列)

説明 「文字列」の文字数を求めます。半角と全角の区別なく、1文字を1とします。

書式 =LENB(文字列)

説明 「文字列」のバイト数を求めます。半角は1バイト、全角は2バイトとします。

	A	B	C
1	会員住所		
2	住所	全角文字	半角文字
3	青森県青森市安田野町185-101	10	7
4	秋田県秋田市千秋町北峰9-25-306	11	8
5	岩手県滝沢市巣町333-44-510	8	10
6	岩手県盛岡市中丸町100-1-707	9	9
7	山形県山形市旅籠1-2Aﾏﾝｼｮﾝ510	8	13
8			
9			
10			
11			
12			
13			
14			
15			
16			

住所に含まれる全角文字と半角文字の数を数えます。

第6章 ●文字列の操作

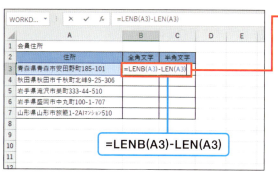

❶ 全角文字を数えるセル B3 に「=LENB(A3)-LEN(A3)」と入力します。

MEMO 全角文字を数える

文字列内の全角文字を数えるには、文字列全体のバイト数から、全体の文字数を引きます。

❷ 全角文字数が求められます。
❸ 数式をほかのセルにコピーします。

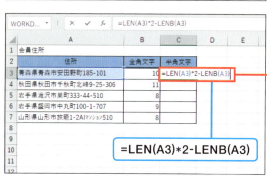

❹ 半角文字を数えるセル C3 に「=LEN(A3)*2-LENB(A3)」と入力します。

❺ 半角文字数が求められます。
❻ 数式をほかのセルにコピーします。

MEMO 半角文字を数える

文字列内の半角文字を数えるには、文字列全体の文字数を2倍したものから、全体のバイト数を引きます。

291

対応バージョン 2016 2013 2010 2007

SECTION

123

文字列の操作

日付を英語表記にする

TEXT
DAY
IF
OR

年月日を英語表記にする場合は、1日と21、31日は1st、21st、31st、2日、22日は2nd、22nd、5日なら5thと、日にちによって序数が異なるため、日にちをIF関数で判断して序数を付けます。また、年や月の表記はTEXT関数を使用します。

》 日本語表記の生年月日を英語表記に変換する

書式 **=TEXT(値,表示形式)**

説明 「値」で指定した数値に「表示形式」を設定して文字列に変換します。「表示形式」には数値の書式を「""」で囲んで指定します。

書式 **=DAY(シリアル値)**

説明 「シリアル値」に対応する日を1〜31までの整数で取り出します。

書式 **=IF(論理式[,真の場合][,偽の場合])**

説明 条件によって処理を振り分けます。「論理式」には、結果がTRUE(真)またはFALSE(偽)になるような条件式を指定します。「真の場合」には条件式がTRUEの場合の処理を、「偽の場合」にはFALSEの場合の処理を指定します(P.42参照)。

書式 **=OR(論理式1[,論理式2,…])**

説明 「論理式」で指定したいずれかの条件を満たすかどうかを判定します。指定した論理式が1つでも成立する場合(真の場合)はTRUE、すべて成立しない場合(偽の場合)はFALSEを返します(P.44参照)。

292

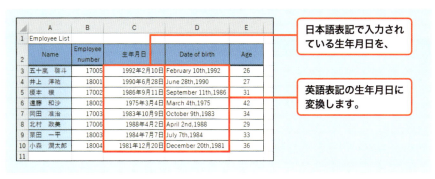

日本語表記で入力されている生年月日を、

英語表記の生年月日に変換します。

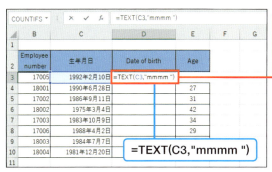

❶ 英語表記を表示するセルD3に「=TEXT(C3,"mmmm ")」と入力し、

MEMO 月を英語表記に変換する

「=TEXT(C3,"mmmm ")」は、セルC3の年月日の月を省略なしの英語表記にします。

&DAY(C3)&IF(OR(DAY(C3)={1,21,31}),"st,",
IF(OR(DAY(C3)={2,22}),"nd,",IF(OR(DAY(C3)
={3,23}),"rd,","th,")))&TEXT(C3,"yyyy")

❷ 続けて数式を入力します。
❸ 数式をコピーすると、ほかのセルにも英語表記の生年月日が表示されます。

MEMO 西暦を表示する

「TEXT(C3,"yyyy")」は、セルC3の年月日の年を4桁の西暦で表示します。

 COLUMN

日にちを英語表記にする

日にちを英語表記にする場合、「1」「21」「31」の場合は日の後に「st」、「2」「22」の場合は「nd」、「3」「23」の場合は「rd」を付けます。いずれの条件にも該当しない場合は「th」を付けます。なお、「11日」「12日」「13日」はそれぞれ「11th」「12th」「13th」とします。これは英語で11番目を「eleventh」、12番目を「twelfth」、13番目を「thirteenth」と表記するためです。

対応バージョン 2016 / 2013 / 2010 / 2007

SECTION

124

文字列の操作

FIXED

TEXT

表示形式を残したまま
文字を結合する

複数のセルのデータを1つのセルにまとめて表示する場合、「&」記号を使用して結合すると「,」（桁区切り記号）などの表示形式が外れてしまいます。表示記号を付けたままにするには、FIXED関数、TEXT関数で表示形式を指定します。

≫ 表示形式を指定してデータを結合する

書式 =FIXED(数値[,桁数][,桁区切り])

説明 指定した「桁数」に四捨五入し、結果をピリオド（.）とカンマ（,）を使って書式設定した文字列に変換します。

書式 =TEXT(値,表示形式)

説明 「値」で指定した数値に「表示形式」を設定して文字列に変換します。「表示形式」には数値の書式を「""」で囲んで指定します。

	A	B	C	D
1	売上報告			
2	月	売上総額	専店分	売上総額＜専店分＞
3	7月	2,103,900	941,200	2,103,900＜941,200＞
4	8月	3,245,800	1,452,000	3,245,800＜1,452,000＞
5	9月	5,777,600	2,584,600	5,777,600＜2,584,600＞
6	合計	11,127,300	4,977,800	11,127,300＜4,977,800＞

別々のセルに入力されているデータを、

もとの表示形式のまま結合して表示します。

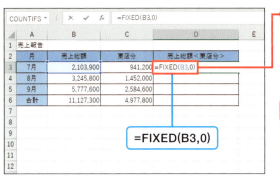

❶ データを表示するセルD3に「=FIXED(B3,0)」と入力し、

MEMO 四捨五入する

「FIXED(B3,0)」は、セルB3の値を小数点以下の桁数が0桁になるように四捨五入します。

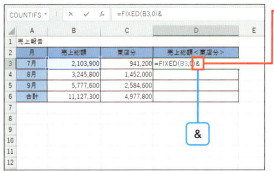

❷ 続けて「&」と入力します。

MEMO データを結合する

「&」は、前後のデータを結合するためのものです。

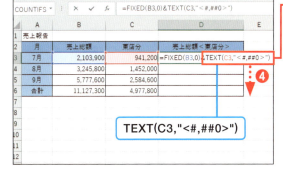

❸ さらに続けて「TEXT(C3,"<#,##0>")」と入力します。
❹ 入力した数式をほかのセルにコピーします。

MEMO 表示形式を指定する

手順❸の「"<#,##0>"」は、数値を3桁ずつ「,」で区切り、その前後を「<」と「>」で囲むように指定しています。

📎 COLUMN

FIXED関数またはTEXT関数だけで表示する

ここではFIXED関数とTEXT関数の両方を使用していますが、次のようにいずれかの関数だけでも同様に表示することが可能です。

=TEXT(B3,"#,##0")&TEXT(C3,"<#,##0>")
=FIXED(B3,0)&"＜"&FIXED(C3,0)&"＞"

295

SECTION 125 文字列の操作

セルを結合した数値を計算で使えるようにする

対応バージョン 2016 / 2013 / 2010 / 2007

数値データを桁数ごとにセルに入力した伝票などの場合、そのままでは計算ができません。桁数ごとにばらばらになった数字をCONCATENATE関数で結合して文字列にし、それをNUMBERVALUE関数で数値に変換して、計算に使用します。

» ばらばらの数字を結合して数値データに変換する

書式 =CONCATENATE(文字列1[,文字列2,…])

説明 2つ以上の「文字列」を結合して、1つの文字列にします。

書式 =NUMBERVALUE(文字列[,小数点記号][,桁区切り記号])

説明 異なる表示形式の数値の「文字列」を、通常の数値に変換します。「小数点記号」および「区切り記号」は省略可能です。

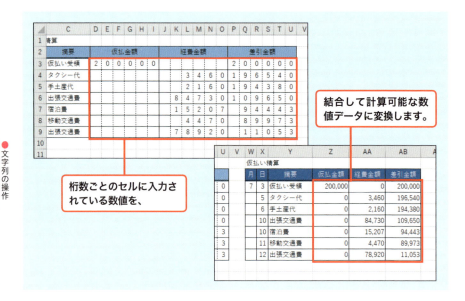

桁数ごとのセルに入力されている数値を、結合して計算可能な数値データに変換します。

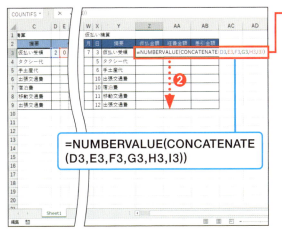

❶ 仮払金額を表示するセル Z3 に「=NUMBERVALUE(CONCATENATE(D3,E3,F3,G3,H3,I3))」と入力します。
❷ 入力した数式をほかのセルにコピーします。

MEMO 仮払金額を表示する

手順❶では、セルD3、E3、F3、G3、H3、I3のデータを順番に結合して、桁区切り記号の数値データに変換します。

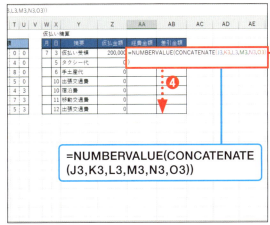

❸ 経費金額を表示するセル AA3 に「=NUMBERVALUE(CONCATENATE(J3,K3,L3,M3,N3,O3))」と入力します。
❹ 入力した数式をほかのセルにコピーします。

MEMO 経費金額を表示する

手順❸では、セルJ3、K3、L3、M3、N3、O3のデータを順番に結合して、桁区切り記号の数値データに変換します。

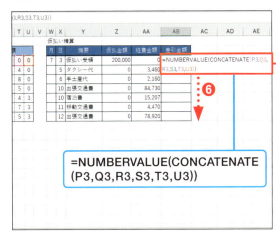

❺ 差引金額を表示するセル AB3 に「=NUMBERVALUE(CONCATENATE(P3,Q3,R3,S3,T3,U3))」と入力します。
❻ 入力した数式をほかのセルにコピーします。

MEMO 差引金額を表示する

手順❺では、セルP3、Q3、R3、S3、T3、U3のデータを順番に結合して、桁区切り記号の数値データに変換します。

SECTION 126 複数セルの文字を改行を加えて結合する

文字列の操作

対応バージョン 2016 / 2013 / 2010 / 2007

CHAR / TRIM / SUBSTITUTE

複数のセルに入力されているデータを、データごとに改行して1つのセル内に表示させたい場合は、TRIM関数で改行位置の目印となる文字などを加えて1つの文字列に結合し、SUBSTITUTE関数で目印を改行コードに置き換えます。

≫ データを結合し、1つのセルに改行して表示する

書式 =CHAR(数値)

説明 「数値」で指定した文字コードに対応する文字を返します。改行やタブなどの画面表示されない制御文字などを扱う場合に使用します。改行の文字コードは「10」です。

書式 =TRIM(文字列)

説明 「文字列」で指定した文字列の各単語間のスペースを1つ残し、不要なスペースをすべて削除します。

書式 =SUBSTITUTE(文字列,検索文字列,置換文字列[,置換対象])

説明 P.288を参照してください。

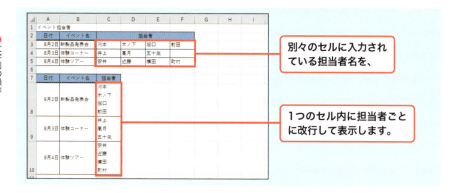

別々のセルに入力されている担当者名を、

1つのセル内に担当者ごとに改行して表示します。

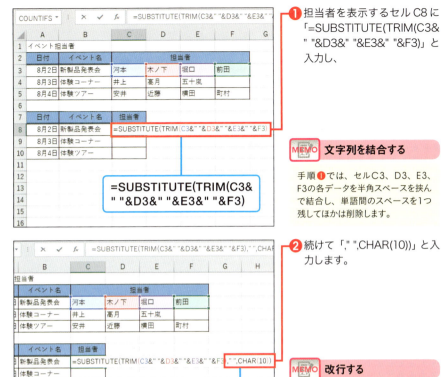

❶ 担当者を表示するセル C8 に「=SUBSTITUTE(TRIM(C3&" "&D3&" "&E3&" "&F3)」と入力し、

MEMO 文字列を結合する

手順❶では、セルC3、D3、E3、F3の各データを半角スペースを挟んで結合し、単語間のスペースを1つ残してほかは削除します。

❷ 続けて「," ",CHAR(10))」と入力します。

MEMO 改行する

「" "」（半角スペース）はSUBSTITUTE関数の検索文字列で、「CHAR(10)」は改行を示す文字コードです。TRIM関数で、結合された半角スペースを改行コードに置換します。

❸ 1つのセルに改行して表示されます。
❹ 数式をほかのセルにコピーします。

MEMO 改行表示されない

セル内の文字が改行して表示されない場合は、設定を変更します。セルを選択して、<ホーム>タブの<折り返して全体を表示する>をクリックします。

SECTION 127 電話番号を整形する

対応バージョン： 2016 / 2013 / 2010 / 2007

RIGHT
LEFT

文字列の操作

住所録などに入力された電話番号は、同じ形式に整形したほうが見やすくなります。ここでは、指定の位置に「-」を挿入します。電話番号の総桁数をもとにしてLEFT関数とRIGHT関数で文字を取り出し、それぞれを「-」で結合します。

≫ 電話番号の表示形式を統一する

書式 =RIGHT(文字列[,文字数])

説明 「文字列」の右端(末尾)から「文字数」で指定した数の文字(省略すると1文字)を取り出します。半角と全角の区別なく、1文字を1とします。

書式 =LEFT(文字列[,文字数])

説明 「文字列」の先頭から「文字数」で指定した数の文字(省略すると1文字)を取り出します。半角と全角の区別なく、1文字を1とします。

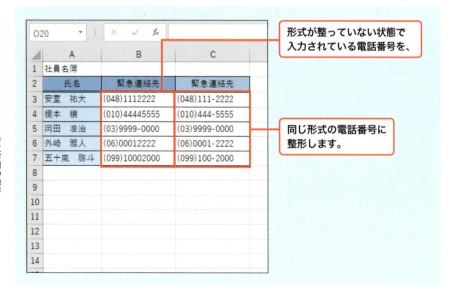

形式が整っていない状態で入力されている電話番号を、

同じ形式の電話番号に整形します。

❶ 整形した電話番号を表示する セル C3 に「=LEFT(B3,8)」と入力し、

❷ 続けて「&"-"&」と入力します。

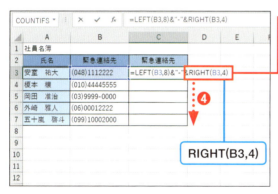

❸ さらに続けて「RIGHT(B3,4)」と入力します。
❹ 数式をコピーすると、整形した電話番号が表示されます。

MEMO 文字列を取り出す

「LEFT(B3,8)&"-"&RIGHT(B3,4)」は、セルB3の電話番号の左側（先端）から8文字を、右側（末尾）から4文字を取り出し、それぞれを「-」で結合します。

COLUMN

電話番号の桁数に注意

ここで解説した方法は、市外局番がカッコ「()」で囲まれており、カッコを含めた総桁数が12文字の電話番号で有効です。携帯電話などのように桁数が異なる場合は、正しく表示されません。携帯電話の電話番号を整形するには、以下のように数式を入力します。

=LEFT(B3,9)&"-"&RIGHT(B3,4)

SECTION 128 文字列の操作

スペースを挿入する

対応バージョン: 2016 / 2013 / 2010 / 2007

REPLACE
TRIM

指定した位置にスペースを挿入するにはREPLACE関数を使うとかんたんにできますが、最初からスペースが入っている場合は、余分なスペースが挿入されてしまうことがあります。この場合は、TRIM関数で不要なスペースを削除して、スペースを1つ残します。

▶ 指定位置にスペースを挿入して不要なスペースを削除する

書式 =REPLACE(文字列,開始位置,文字数,置換文字列)

説明 「文字列」に含まれる指定された「開始位置」からの「文字数」の文字を、「置換文字列」で指定した文字に置き換えます。文字数が0の場合は、「置換文字列」が開始位置に挿入されます。

書式 =TRIM(文字列)

説明 「文字列」で指定した文字列の各単語間のスペースを1つ残し、不要なスペースをすべて削除します。

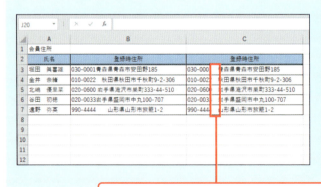

郵便番号と住所の間にスペースを1つ挿入します。

❶ 修正後の住所を表示するセルC3に「=TRIM(」と入力し、

MEMO 不要なスペースを削除する

「TRIM(」は、指定した文字列中の連続するスペースを1つ残し、そのほかのスペースを削除します。

❷ 続けて「REPLACE(B3,9,0,"　"))」と入力します。

MEMO スペースを挿入する

手順❷では、セルB3の9文字目から0文字を「　」（全角スペース）に置き換えます。置き換える文字数が0文字なので置換ではなく、9文字目に「　」（全角スペース）が挿入されます。

❸ 郵便番号と住所の間にスペースが挿入されます。
❹ 数式をほかのセルにコピーします。

COLUMN

「〒」マークを付けて住所らしくする

住所の前に「030-0001」のような数字が表示されている場合、郵便番号と理解できますが、〒マークを付けるとよりわかりやすくなります。〒マークを付けるには、以下のように数式を入力します。

="〒"&TRIM(REPLACE(B3,9,0,"　"))

SECTION 129 文字列の操作

数値や文字列を1セルずつに分割する

対応バージョン: 2016 / 2013 / 2010 / 2007

COLUMN / RIGHT / LEFT

セルに入力されている数値や文字列を1文字ずつ別のセルに表示させたい場合は、COLUMN関数、RIGHT関数、LEFT関数を組み合わせます。COLUMN関数でセルの位置を求め、RIGHT関数で対応する桁数を取り出し、LEFT関数で先頭から1文字ずつ取り出します。

数値データを1桁ずつ別々のセルに表示する

書式 =COLUMN([参照])

説明 指定したセル範囲の列番号を求めます。「参照」を省略すると、COLUMN関数が入力されているセルの列番号が求められます(P.49参照)。

書式 =RIGHT(文字列[,文字数])

説明 「文字列」の右端(末尾)から「文字数」で指定した数の文字(省略すると1文字)を取り出します。半角と全角の区別なく、1文字を1とします。

書式 =LEFT(文字列[,文字数])

説明 「文字列」の先頭から「文字数」で指定した数の文字(省略すると1文字)を取り出します。半角と全角の区別なく、1文字を1とします。

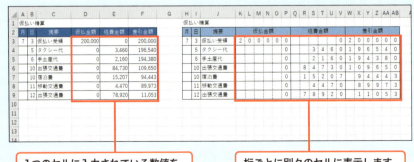

1つのセルに入力されている数値を、桁ごとに別々のセルに表示します。

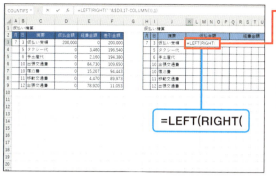

❶ 数値を取り出す1つ目のセル K3 に「=LEFT(RIGHT(」と入力し、

MEMO 文字を取り出す

「LEFT」は文字列の右端（先頭）から、「RIGHT」は文字列の左端（末尾）から指定した数の文字を取り出します。

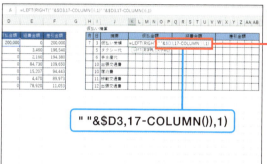

❷ 続けて「" "&$D3,17-COLUMN()),1)」と入力します。

MEMO 取り出す列を指定する

「COLUMN()」は、数式のあるセルの列番号を求めます（ここではK列なので「11」）。17（11列と仮払金額の6桁を合わせた数）が数値を取り出す基準になります。「" "&」は桁数が異なる場合でも数字を取り出すためのものです。

❸ 1つ目の数字が取り出されます。
❹ 数式をセル P3 までコピーして、
❺ さらにセル P9 までコピーすると、ほかのセルにも取り出した数字が表示されます。

📝 COLUMN

経費金額、差引金額を取り出すには

ここでは仮払金額の取り出し方の解説をしましたが、経費金額はQ列なので17列目、差引金額はW列なので23列目になり、それぞれの数式は以下のようになります。

経費金額：=LEFT(RIGHT(" "&$E3,23-COLUMN()),1)
差引金額：=LEFT(RIGHT(" "&$F3,29-COLUMN()),1)

SECTION 130 文字列の操作

対応バージョン 2016 / 2013 / 2010 / 2007

指定した文字までを取り出す

FIND
LEFT

SECTION 110では、MID関数、FIND関数、SUBSTITUTE関数を使う方法を紹介しました。ここでは、FIND関数とLEFT関数を使って指定した文字を取り出します。ただし、指定文字がない場合はエラーになるので、文字列の末尾に指定文字を追加してエラーを防ぎます。

≫ スペースで区切られた所属名から部署名を取り出す

書式 =FIND(検索文字列,対象[,開始位置])

説明 「検索文字列」が「対象」に指定した文字列内の何文字目にあるかを検索します。「開始位置」には、検索を開始する「対象」の文字位置を指定します。省略した場合は「対象」の先頭から検索します(P.54参照)。

書式 =LEFT(文字列[,文字数])

説明 「文字列」の先頭から「文字数」で指定した数の文字(省略すると1文字)を取り出します。半角と全角の区別なく、1文字を1とします。

スペースで区切られた所属名から、

部署名だけを取り出します。

❶ 部署名を取り出すセル D3 に「=LEFT(C3,」と入力し、

MEMO 文字を取り出す

「LEFT(C3,」は、セルC3の文字列の左端（先頭）から文字を取り出します。

❷ 続けて「FIND("　",C3&"　")-1)」と入力します。

MEMO 検索する文字列

FINDで、セルC3内の全角スペースの位置を調べます。「&"　"」は、検索する文字列の後ろに全角スペースを加え、エラー「#VALUE!」になるのを防いでいます。実際に取り出すのは部署名までなので、全角スペース分を引いています。

❸ 部署名が取り出されます。
❹ 数式をほかのセルにコピーします。

📎 COLUMN

指定した文字がない場合はすべて取り出す

指定した文字（ここでは全角スペース）がない場合は、エラー「#VALUE!」になります。ここでは、セルC3の文字列の末尾に全角スペースを追加し、指定した文字がない場合は、すべてを取り出すようにします。

| 対応バージョン | 2016 | 2013 | 2010 | 2007 |

SECTION
131
文字列の操作

指定した文字まで右から取り出す

FIND
LEN
RIGHT

文字列の右端から指定した文字までを取り出すには、LEN関数、FIND関数、RIGHT関数を組み合わせます。LEN関数で文字列全体の文字数を求め、FIND関数で指定した文字までの文字数を引き、RIGHT関数で文字を取り出します。

≫ 部名より後ろの所属名を取り出す

書式 =FIND(検索文字列,対象[,開始位置])

説明 P.54を参照してください。

書式 =LEN(文字列)

説明 「文字列」の文字数を求めます。半角と全角の区別なく、1文字を1とします。

書式 =RIGHT(文字列[,文字数])

説明 「文字列」の右端(末尾)から「文字数」で指定した数の文字(省略すると1文字)を取り出します。半角と全角の区別なく、1文字を1とします。

	A	B	C	D
1	社員名簿			
2	氏名	社員番号	所属	所属課
3	安室　祐大	17001	事業部企画課	企画課
4	榎本　稜	17002	営業部法人営業課	法人営業課
5	岡田　准治	17003	人事開発部健康保険課	健康保険課
6	外崎　雅人	17004	危機管理部リスク管理課	リスク管理課
7	五十嵐　啓斗	17005	経理部給与課	給与課
8				
9				
10				
11				
12				

所属から課名を取り出します。

308

❶ 所属課を取り出すセル D3 に「=RIGHT(C3,」と入力し、

MEMO 文字を取り出す

「RIGHT(C3」は、セルC3の文字列の右端（末尾）から文字を取り出します。

❷ 続けて「LEN(C3)-FIND(" 部 ", C3))」と入力します。
❸ 入力した数式をほかのセルにコピーします。

MEMO 取り出す文字数

手順❷では、セルC3内の文字列中から「部」の位置（文字数）を求め、全体の文字数から「部」までの文字数を引くことで、取り出す文字数を求めています。

COLUMN

指定した文字がない場合

「部」など指定した文字がない場合は、エラー「#VALUE!」になります。「部」がない場合は、IFERROR関数を使用してすべて取り出すようにします。

309

SECTION 132 文字列の操作

VLOOKUP関数で抽出した名前にふりがなを付ける

対応バージョン： 2016 / 2013 / 2010 / 2007

MATCH / INDEX / PHONETIC

文字列を関数やセル参照を使用してほかのセルに表示した場合、その文字列にはふりがな情報がないので、PHONETIC関数ではふりがなを取り出すことができません。この場合は、もとの文字列のあるセルを検索し、PHONETIC関数でふりがなを直接取り出します。

≫ VLOOKUP関数で抽出した文字列のふりがなを表示する

書式 =MATCH(検査値,検査範囲[,照合の種類])

説明 P.51を参照してください。

書式 =INDEX(配列,行番号[,列番号])

説明 「行番号」と「列番号」が交差する位置にあるセル参照を求めます。「配列」が1行や1列の場合は、行番号や列番号を省略できます(P.50参照)。

書式 =PHONETIC(参照)

説明 文字列からふりがなを抽出します。

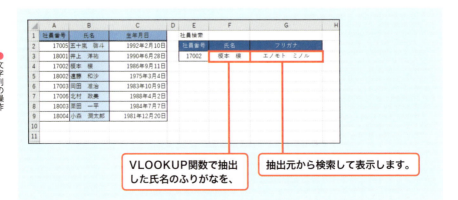

VLOOKUP関数で抽出した氏名のふりがなを、

抽出元から検索して表示します。

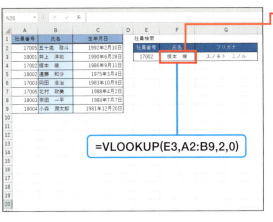

❶ セルF3の氏名は社員番号を入力して取り出しています。

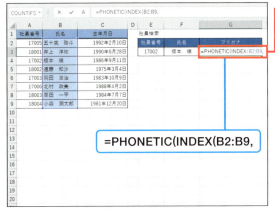

❷ ふりがなを表示するセルG3に「=PHONETIC(INDEX(B2:B9,」と入力し、

MEMO ふりがなを抽出する

「=PHONETIC(INDEX(B2:B9,」は、ふりがなのもとになる名前が入力されている列の範囲を指定して、文字列のふりがなを抽出します。

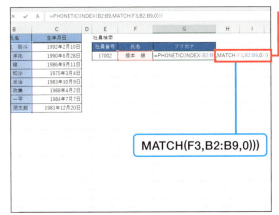

❸ 続けて「MATCH(F3,B2:B9,0)))」と入力します。

MEMO 名前と一致させる

「MATCH(F3,B2:B9,0)))」は、セルF3に抽出した名前をセル範囲B2:B9から検索して、行番号を求めます。

COLUMN

数式の結果だけを使用する

関数を使用して取り出したデータは、もとになったデータがセルから削除されてしまうと、表示されなくなったり、エラーになったりします。もとになったセルを削除したり、取り出したデータを文字列や数値として取り扱いたい場合は、コピーと貼り付けを利用して、値のみを貼り付けます。

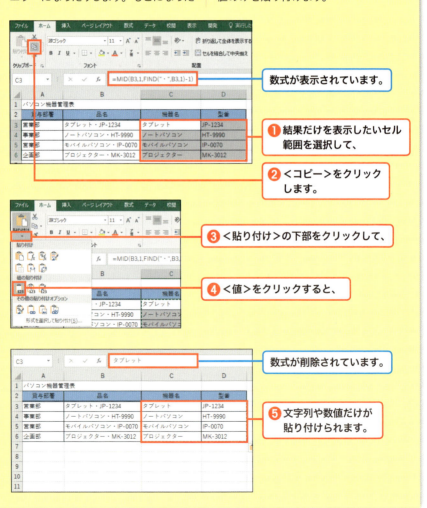

- ❶ 結果だけを表示したいセル範囲を選択して、
- ❷ <コピー>をクリックします。
- ❸ <貼り付け>の下部をクリックして、
- ❹ <値>をクリックすると、
- 数式が表示されています。
- 数式が削除されています。
- ❺ 文字列や数値だけが貼り付けられます。

第 **7** 章

関数をもっと使いこなす
組み合わせ技

SECTION 133
便利な技

対応バージョン 2016 / 2013 / 2010 / 2007

COUNTIF
TEXT
ROW
INT

連番を作成する

連続番号を作成するにはいくつかの方法があり、作成する連続データによって、使用する関数も異なります。ここでは、日付データを利用して連続番号を作成する方法と、行番号を利用して連番を作成する方法を解説します。

≫ さまざまな連番を作成する

書式 **=COUNTIF(範囲,検索条件)**

説明 指定した「範囲」内で「検索条件」に一致するセルの個数を数えます(P.46参照)。

書式 **=TEXT(値,表示形式)**

説明 「値」で指定した数値に「表示形式」を設定して文字列に変換します。「表示形式」には数値の書式を「""」で囲んで指定します。

書式 **=ROW([参照])**

説明 指定したセルの行番号を求めます。「参照」には、行番号を調べるセルまたはセル範囲を指定します。省略すると、ROW関数を入力したセルの行番号が求められます(P.48参照)。

書式 **=INT(数値)**

説明 指定した「数値」の小数点以下を切り捨てて整数にします。

書式 **=DATE(年,月,日)**

説明 「年」「月」「日」の数値から日付データを作成します。

▶ 同じ日付ごとの連番を作成する

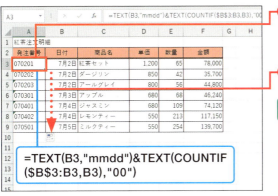

① 連番を作成する最初のセルA3に「=TEXT(B3,"mmdd")&TEXT(COUNTIF($B$3:B3,B3),"00")」と入力して、
② 数式をコピーすると、日付ごとの連番が作成されます。

MEMO 日付＋連番を作成する

セルB3から月と日をそれぞれ2桁の文字列として取り出します。セル範囲B3:B3内にB3と同じ値がいくつあるかを数えて2桁の文字列に変換し、日付から作成した4桁の文字列と連結して連番を作成しています。

▶ 同じ数だけ連番を作成する

① 連番を作成する最初のセルA3に「=INT(ROW(A2)/2)」と入力して、
② 数式をコピーすると、2行ごとに同じ番号の連番が作成されます。

MEMO 行番号から連番を作成する

セルA2の行番号を求めて2で割り、これをINT関数で小数点以下を切り捨てて整数化することで連番を作成しています。

▶ 同じ日付の連続データを作成する

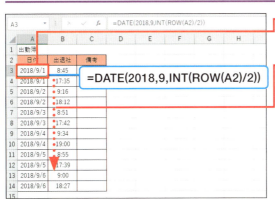

① 連番を作成する最初のセルA3に「=DATE(2018,9,INT(ROW(A2)/2))」と入力して、
② 数式をコピーすると、同じ日付の連続データが2個ずつ作成されます。

MEMO 連続時間で連番を作成する

「DATE(2018,9,」で年と月を指定し、日にちのデータは「INT(ROW(A2)/2)」で作成した連番データを使用することで、連続データを作成しています。

315

SECTION 134 便利な技

1行おきに色を付ける

対応バージョン 2016 / 2013 / 2010 / 2007

ROW
MOD

セルに色を付けるには「条件付き書式」を利用します。書式の条件として数式を使用して、奇数行であればセルに色を付け、偶数行はそのままにします。奇数行か偶数行かは、ROW関数で行番号を求め、これを2で割ったときの余りで判断します。

≫ 指定範囲に条件付き書式を設定する

=ROW([参照])

指定したセルの行番号を求めます。「参照」には、行番号を調べるセルまたはセル範囲を指定します。省略すると、ROW関数を入力したセルの行番号が求められます（P.48参照）。

=MOD(数値,除数)

「数値」を「除数」で割ったときの余りを求めます。

1行おきに色を付けて表を見やすくします。

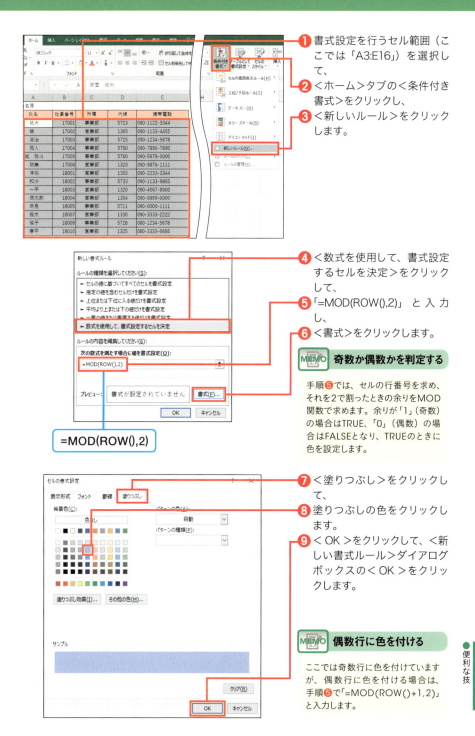

SECTION 135 便利な技

対応バージョン 2016 / 2013 / 2010 / 2007

結合したセルがある場合も1行おきに色を付ける

COUNTA / MOD

店舗ごとの取扱商品など、一部の列が結合されている場合は、SECTION 134の方法では色を付けることができません。この場合は、COUNTA関数を使用して結合されたセルが何行目になるのかを調べ、条件付き書式を使って1行ごとに色を付けます。

≫ 結合したセルを1行として行ごとに色を付ける

 書式　**=COUNTA(値1[,値2,…])**

 説明　「値」で指定したセル範囲内の数値や文字列が含まれるセルの個数を数えます。

 書式　**=MOD(数値,除数)**

 説明　「数値」を「除数」で割ったときの余りを求めます。

結合されているセルを1行とみなし、1行ごとに色を付けます。

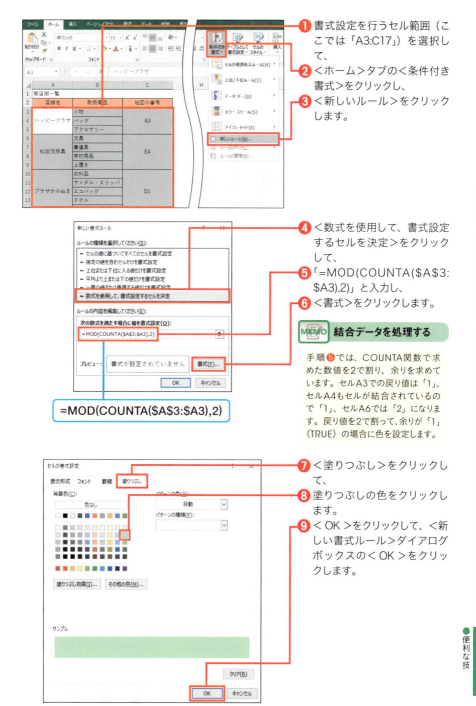

❶ 書式設定を行うセル範囲（ここでは「A3:C17」）を選択して、

❷ <ホーム>タブの<条件付き書式>をクリックし、

❸ <新しいルール>をクリックします。

❹ <数式を使用して、書式設定するセルを決定>をクリックして、

❺ 「=MOD(COUNTA($A$3:$A3),2)」と入力し、

❻ <書式>をクリックします。

MEMO 結合データを処理する

手順❺では、COUNTA関数で求めた数値を2で割り、余りを求めています。セルA3での戻り値は「1」、セルA4もセルが結合されているので「1」、セルA6では「2」になります。戻り値を2で割って、余りが「1」（TRUE）の場合に色を設定します。

❼ <塗りつぶし>をクリックして、

❽ 塗りつぶしの色をクリックします。

❾ < OK >をクリックして、<新しい書式ルール>ダイアログボックスの< OK >をクリックします。

319

SECTION 136 便利な技
特定の曜日と祝日に色を付ける

対応バージョン 2016 2013 2010 2007

日付に対応する曜日はWEEKDAY関数を使用して調べることができます。また、日付が祝日かどうかは、COUNTIF関数を使用して、その日付が祝日リストの中にあるかどうかを判断します。条件付き書式の数式にWEEKDAY関数とOR関数を使用して条件を設定します。

≫ 土日と祝日のセルに色を付ける

書式 =COUNTIF(範囲,検索条件)

説明 指定した「範囲」内で「検索条件」に一致するセルの個数を数えます(P.46参照)。

書式 =WEEKDAY(シリアル値[,種類])

説明 「シリアル値」に対応する曜日を1から7までの整数で取り出します。「種類」には戻り値の種類を「1」～「3」の数値で指定します(P.58参照)。省略した場合は「1」になります。

書式 =OR(論理式1[,論理式2,…])

説明 「論理式」で指定したいずれかの条件を満たすかどうかを判定します。指定した論理式が1つでも成立する場合(真の場合)はTRUE、すべて成立しない場合(偽の場合)はFALSEを返します(P.44参照)。

祝日リスト

土日と祝日のセルに色を付けます。

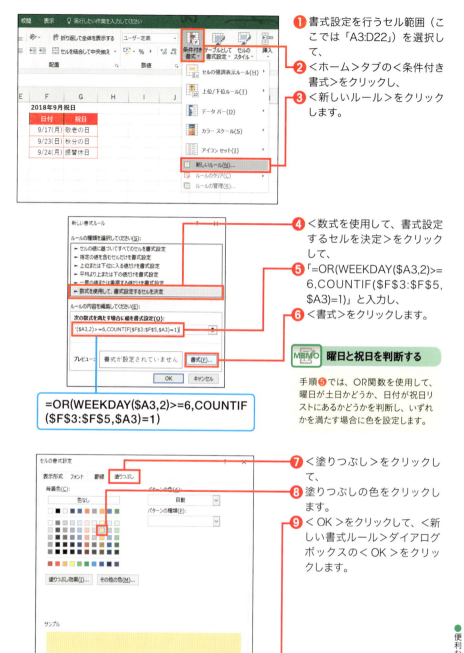

SECTION 137 便利な技
選択した行・列に色を付ける

対応バージョン： 2016 / 2013 / 2010 / 2007

ROW / CELL / COLUMN

列や行見出しとデータのセルが離れている場合など、目的のデータを探しにくいことがあります。このような場合は、条件付き書式を利用して、選択中のセルの行と列に色を付けると見やすくなります。ROW関数とCELL関数、COLUMN関数を使用して対象を指定します。

≫ 選択中の行と列に色を付ける

 =ROW([参照])

 P.48を参照してください。

 =CELL(検査の種類[,参照])

 セルの書式、位置、内容に関する情報を求めます。「検査の種類」には情報を求めるセルの種類を指定する文字列値を、「参照」には調べるセルを指定します。

 =COLUMN([参照])

 P.49を参照してください。

選択中のセルと同じ行と列のセルに色が付くようにします。

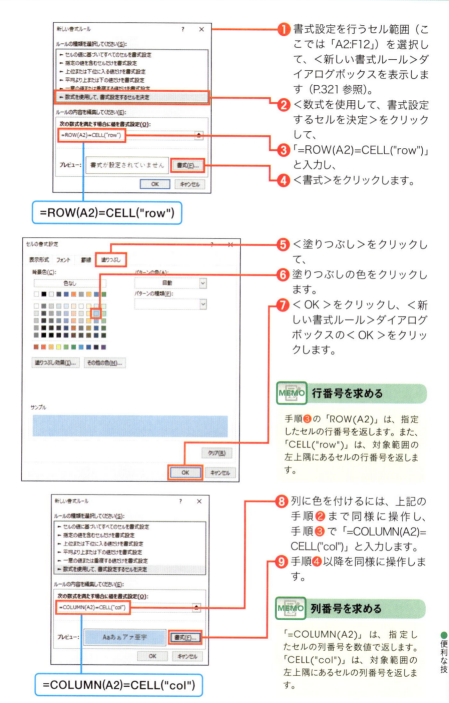

❶ 書式設定を行うセル範囲（ここでは「A2:F12」）を選択して、＜新しい書式ルール＞ダイアログボックスを表示します（P.321参照）。
❷ ＜数式を使用して、書式設定するセルを決定＞をクリックして、
❸ 「=ROW(A2)=CELL("row")」と入力し、
❹ ＜書式＞をクリックします。

❺ ＜塗りつぶし＞をクリックして、
❻ 塗りつぶしの色をクリックします。
❼ ＜OK＞をクリックし、＜新しい書式ルール＞ダイアログボックスの＜OK＞をクリックします。

MEMO 行番号を求める

手順❸の「ROW(A2)」は、指定したセルの行番号を返します。また、「CELL("row")」は、対象範囲の左上隅にあるセルの行番号を返します。

❽ 列に色を付けるには、上記の手順❷まで同様に操作し、手順❸で「=COLUMN(A2)=CELL("col")」と入力します。
❾ 手順❹以降を同様に操作します。

MEMO 列番号を求める

「=COLUMN(A2)」は、指定したセルの列番号を数値で返します。「CELL("col")」は、対象範囲の左上隅にあるセルの列番号を返します。

323

対応バージョン 2016 2013 2010 2007

SECTION
138
便利な技

指定した曜日の日付を入力できないようにする

WORKDAY.INTL

あらかじめ曜日を指定し、その曜日の日付を入力できないようにするには、入力規則の数式にWORKDAY.INTL関数を使用し、指定の曜日しか入力できないように設定します。入力規則に違反した曜日を入力した場合のメッセージを独自に設定することもできます。

» 火曜日の日付を入力できないようにする

書式　**=WORKDAY.INTL(開始日,日数[,週末][,祭日])**

説明　「週末」および「祭日」で指定した日数を除き、「開始日」に指定した日付から「日数」後や前のシリアル値を求めます。「日数」に正の数を指定すると、日数後の日付が、負の数を指定すると、日数前の日付が求められます。「週末」では、以下の週末番号で除く曜日を指定します。Excel 2010 で追加された関数です。

週末番号	週末の曜日
1 または省略	土曜と日曜
2	日曜と月曜
3	月曜と火曜
4	火曜と水曜
5	水曜と木曜
6	木曜と金曜
7	金曜と土曜

週末番号	週末の曜日
11	日曜のみ
12	月曜のみ
13	火曜のみ
14	水曜のみ
15	木曜のみ
16	金曜のみ
17	土曜のみ

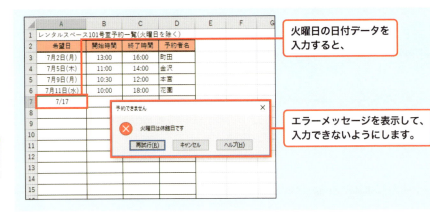

火曜日の日付データを入力すると、

エラーメッセージを表示して、入力できないようにします。

❶ 日付データを入力するセル範囲（ここでは「A3:A17」）を選択して、
❷ ＜データ＞タブをクリックし、
❸ ＜データの入力規則＞をクリックします。

❹ ＜設定＞をクリックして、
❺ ＜入力値の種類＞で＜ユーザー設定＞を選択し、
❻ ＜数式＞に「=WORKDAY.INTL(A3+1,-1,13)=A3」と入力します。

MEMO 曜日を判断する

手順❻では、セルA3の日付の曜日が火曜日を除く場合はTRUE、そうでない場合はFALSEが求められます。入力規則に数式を設定すると、結果がTRUEの場合だけ入力できるように設定されるので、火曜日の日付を入力するとエラーになります。

=WORKDAY.INTL(A3+1,-1,13)=A3

❼ ＜エラーメッセージ＞をクリックして、
❽ ＜スタイル＞で＜停止＞を選択し、
❾ ＜タイトル＞と＜エラーメッセージ＞を入力します。
❿ ＜OK＞をクリックすると、入力規則が設定されます。

MEMO 土日を指定する

土日を入力できないようにするには、手順❻で「=WEEKDAY(A3,2)<6」と入力します。

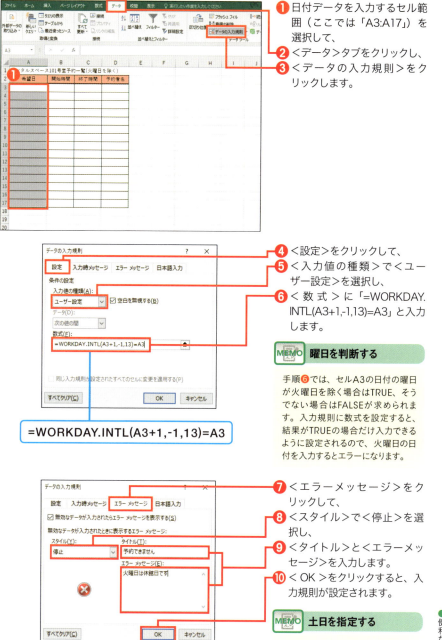

325

SECTION 139 入力禁止データを入力できないようにする

対応バージョン 2016 / 2013 / 2010 / 2007

COUNTIF

便利な技

別表に用意した禁止リストのデータを入力できないようにするには、データの入力規則を利用します。COUNTIF関数を使用してセルに入力したデータが別表にあるかどうかを確認し、データがある場合はメッセージを表示させ、入力できないようにします。

≫ 別表にあるデータを入力できないようにする

書式 =COUNTIF(範囲,検索条件)

説明 指定した「範囲」内で「検索条件」に一致するセルの個数を数えます(P.46参照)。

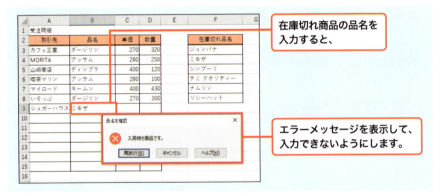

在庫切れ商品の品名を入力すると、

エラーメッセージを表示して、入力できないようにします。

❶ 品名を入力するセル範囲（ここでは「B3：B15」）を選択して、
❷ <データ>タブをクリックし、
❸ <データの入力規則>をクリックします。

326

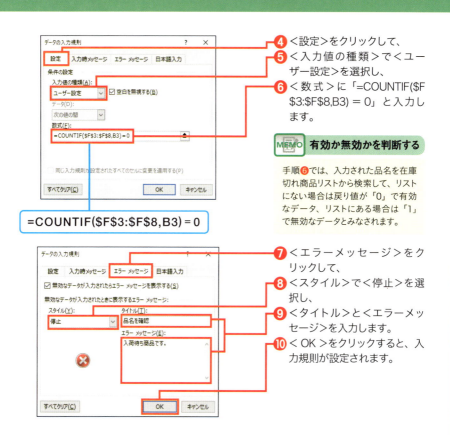

④ <設定>をクリックして、
⑤ <入力値の種類>で<ユーザー設定>を選択し、
⑥ <数式>に「=COUNTIF($F$3:$F$8,B3) = 0」と入力します。

MEMO 有効か無効かを判断する

手順⑥では、入力された品名を在庫切れ商品リストから検索して、リストにない場合は戻り値が「0」で有効なデータ、リストにある場合は「1」で無効なデータとみなされます。

⑦ <エラーメッセージ>をクリックして、
⑧ <スタイル>で<停止>を選択し、
⑨ <タイトル>と<エラーメッセージ>を入力します。
⑩ < OK >をクリックすると、入力規則が設定されます。

COLUMN

リストにある品名だけを入力するには

ここで解説したのとは逆に、商品リストにある品名だけを入力させたい場合は、手順⑥で「=COUNTIF($F$3:$F$8,B3)>0」と入力します。リストにない品名を入力すると、エラーメッセージが表示されます。

327

SECTION 140 スペースの入力を禁止する

便利な技

対応バージョン: 2016 / 2013 / 2010 / 2007

FIND / ISERROR / AND

住所録の氏名や住所などを入力する際にスペースを入れずに入力させたい場合は、データの入力規則の数式にFIND関数、ISERROR関数、AND関数を使用してスペースを入力できないように設定します。スペースが含まれている場合はメッセージを表示させます。

≫ 全角または半角スペースを入力できないようにする

書式 =FIND(検索文字列,対象[,開始位置])

説明 P.54を参照してください。

書式 =ISERROR(テストの対象)

説明 「テストの対象」で指定したセルの値や数式の結果がエラー値の場合はTRUEを、エラー値でない場合はFALSEを返します。

書式 =AND(論理式1[,論理式2,…])

説明 「論理式」で指定したすべての条件を満たすかどうかを判定します。指定した論理式がすべて成立する場合(真の場合)はTRUE、1つでも成立しない場合(偽の場合)はFALSEを返します(P.44参照)。

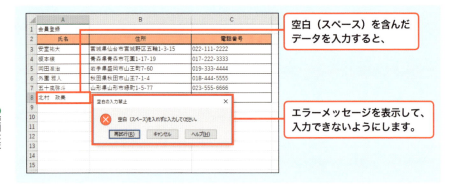

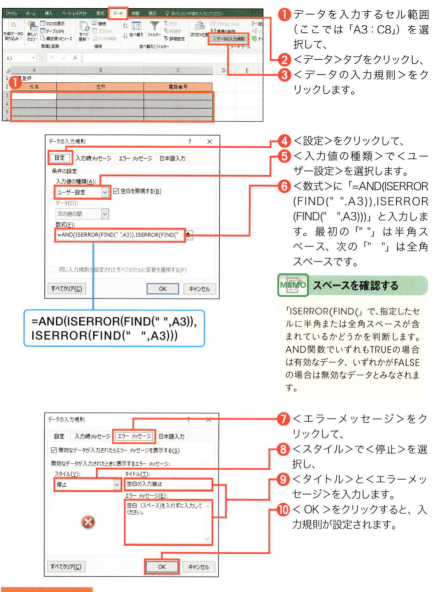

❶ データを入力するセル範囲（ここでは「A3：C8」）を選択して、
❷ <データ>タブをクリックし、
❸ <データの入力規則>をクリックします。

❹ <設定>をクリックして、
❺ <入力値の種類>で<ユーザー設定>を選択します。
❻ <数式>に「=AND(ISERROR(FIND(" ",A3)),ISERROR(FIND("　",A3)))」と入力します。最初の「" "」は半角スペース、次の「"　"」は全角スペースです。

MEMO スペースを確認する

「ISERROR(FIND(」で、指定したセルに半角または全角スペースが含まれているかどうかを判断します。AND関数でいずれもTRUEの場合は有効なデータ、いずれかがFALSEの場合は無効なデータとみなされます。

=AND(ISERROR(FIND(" ",A3)),
ISERROR(FIND("　",A3)))

❼ <エラーメッセージ>をクリックして、
❽ <スタイル>で<停止>を選択し、
❾ <タイトル>と<エラーメッセージ>を入力します。
❿ < OK >をクリックすると、入力規則が設定されます。

COLUMN

特定の文字を入力禁止にするには

ここでは半角と全角のスペースを入力禁止にしていますが、特定の文字を入力禁止にすることもできます。たとえば「〒」の入力を禁止させたい場合は、「=ISERROR(FIND("〒",B3))」とします。

SECTION 141 便利な技

重複したデータの登録を制限する

対応バージョン：2016 / 2013 / 2010 / 2007

COUNTIF

会員リストや住所録などを作成する際にデータの重複登録を避けるには、データの入力規則の数式にCOUNTIF関数を使用して、重複データの有無を確認します。重複データがある場合はエラーメッセージを表示して入力できないようにします。

▶ データの入力時に重複データを確認する

書式 =COUNTIF(範囲,検索条件)

説明 指定した「範囲」内で「検索条件」に一致するセルの個数を数えます（P.46参照）。

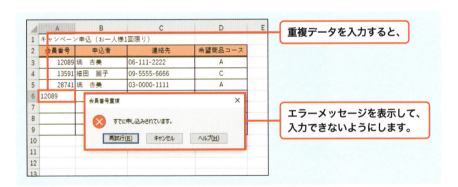

重複データを入力すると、

エラーメッセージを表示して、入力できないようにします。

❶ 会員番号を入力するセル範囲（ここでは「A3：A9」）を選択して、
❷ <データ>タブをクリックし、
❸ <データの入力規則>をクリックします。

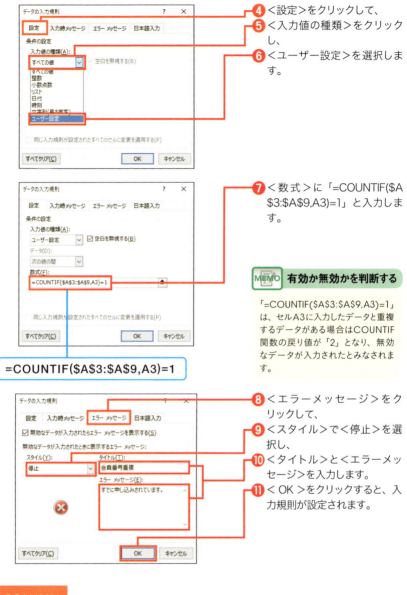

4 <設定>をクリックして、

5 <入力値の種類>をクリックし、

6 <ユーザー設定>を選択します。

7 <数式>に「=COUNTIF($A$3:$A$9,A3)=1」と入力します。

MEMO 有効か無効かを判断する

「=COUNTIF($A$3:$A$9,A3)=1」は、セルA3に入力したデータと重複するデータがある場合はCOUNTIF関数の戻り値が「2」となり、無効なデータが入力されたとみなされます。

8 <エラーメッセージ>をクリックして、

9 <スタイル>で<停止>を選択し、

10 <タイトル>と<エラーメッセージ>を入力します。

11 <OK>をクリックすると、入力規則が設定されます。

COLUMN

エラーメッセージのスタイルの種類

エラーメッセージのスタイルには<停止><注意><情報>の3つがあります。入力を禁止するのではなく、注意を促すだけの場合は、<注意>または<情報>を設定します。

331

対応バージョン 2016 2013 2010 2007

INDIRECT

SECTION 142 便利な技
入力リストを切り替える

部署ごとに担当者を入力するような場合、リストから選択して入力すると便利ですが、データが多いと選択に手間がかかり逆効果になる場合があります。このようなときはINDIRECT関数を利用し、内容に応じて入力リストが切り替わるようにすると効率的です。

» 部署に応じて担当者リストを切り替える

書式　**=INDIRECT(参照文字列[,参照形式])**

説明　「参照文字列」で指定したセル範囲を介し、ほかのセル範囲の内容を参照します。「参照形式」は、セル参照にR1C1形式のセルアドレスを使用したいときに「FALSE」で指定します（通常のA1形式の場合は省略可）。

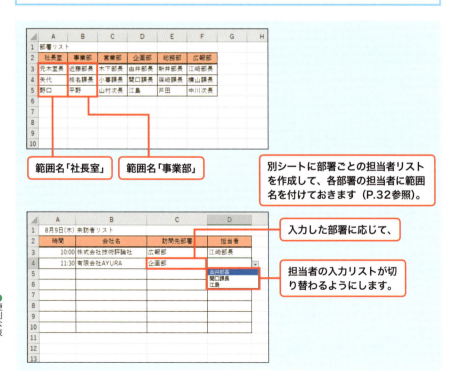

332

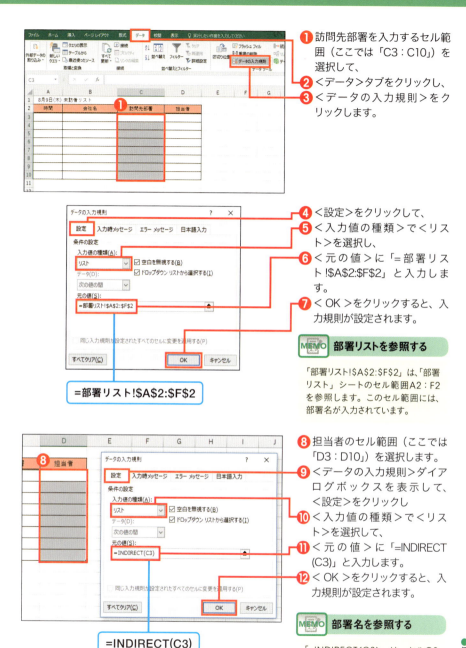

❶ 訪問先部署を入力するセル範囲（ここでは「C3：C10」）を選択して、
❷ <データ>タブをクリックし、
❸ <データの入力規則>をクリックします。

❹ <設定>をクリックして、
❺ <入力値の種類>で<リスト>を選択し、
❻ <元の値>に「=部署リスト!$A$2:$F$2」と入力します。
❼ <OK>をクリックすると、入力規則が設定されます。

MEMO 部署リストを参照する

「部署リスト!$A$2:$F$2」は、「部署リスト」シートのセル範囲A2：F2を参照します。このセル範囲には、部署名が入力されています。

❽ 担当者のセル範囲（ここでは「D3：D10」）を選択します。
❾ <データの入力規則>ダイアログボックスを表示して、<設定>をクリックし
❿ <入力値の種類>で<リスト>を選択して、
⓫ <元の値>に「=INDIRECT(C3)」と入力します。
⓬ <OK>をクリックすると、入力規則が設定されます。

MEMO 部署名を参照する

「=INDIRECT(C3)」は、セルC3に入力されたセル範囲を参照します。セルC3にはリストで部署名が入力されるので、入力された部署名のセル範囲が参照されます。

333

対応バージョン 2016 2013 2010 2007

SECTION 143 便利な技
入力リストの項目を自動的に追加する

COUNTA
OFFSET

入力リストに表示する項目の数を変更するたびにデータの入力規則の設定を変更するのでは、効率がよいとはいえません。項目数が変更になるケースが想定される場合は、COUNTA関数でリストの項目数を数え、OFFSET関数で自動的に調整するように設定します。

» リストの項目数を自動的に調整する

 書式　**=COUNTA(値1[,値2,…])**

 説明　「値」で指定したセル範囲内の数値や文字列が含まれるセルの個数を数えます。

 書式　**=OFFSET(参照,行数,列数[,高さ][,幅])**

 説明　基準のセルから指定した位置にあるセルを参照します。「参照」には基準となるセルを、「行数」「列数」には基準の位置から移動する数を指定します。「高さ」には行数を、「幅」には列数を指定します。

新しい部署を追加すると、

入力リストにも部署が追加されるようにします。

334

❶ 訪問先部署を入力するセル範囲（ここでは「C3：C10」）を選択して、
❷ <データ>タブをクリックし、
❸ <データの入力規則>をクリックします。

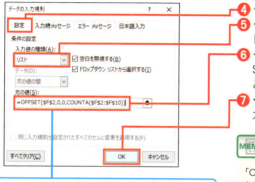

❹ <設定>をクリックして、
❺ <入力値の種類>で<リスト>を選択し、
❻ <元の値>に「=OFFSET($F$2,0,0,COUNTA(F$2:F$10))」と入力します。
❼ <OK>をクリックすると、入力規則が設定されます。

MEMO セル範囲を可動にする

「COUNTA(F$2:F$10)」で求めた個数は、OFFSET関数の「高さ」になります。ここでは、セルF2からCOUNTA関数で求めた高さまでの範囲がリストになります。

❽ 部署を追加すると、
❾ 入力リストにも部署が追加されます。

COLUMN

さらに多くの部署を追加したい場合

ここで紹介した例では、部署はセル範囲「F2:F10」と指定し、セルの高さを「COUNTA(F$2:F$10)」で求めています。さらに多くの部署を追加したい場合は、参照するセル範囲を「=COUNTA(F$2:F$15)」のように広げる必要があります。

SECTION 144 便利な技

データの数に合わせて印刷範囲を変更する

対応バージョン 2016 / 2013 / 2010 / 2007

`COUNTA` `OFFSET`

印刷範囲を設定したあとで表にデータを追加した場合に、印刷範囲が自動的に変更されるようにしましょう。この場合は、設定した印刷範囲を行番号に応じてサイズが調整できるよう、COUNTA関数とOFFSET関数を使用して印刷範囲を調整します。

≫ 追加した行に応じて印刷範囲を広げる

 書式 =COUNTA(値1[,値2,…])

 説明 「値」で指定したセル範囲内の数値や文字列が含まれるセルの個数を数えます。

 書式 =OFFSET(参照,行数,列数[,高さ][,幅])

 説明 基準のセルから指定した位置にあるセルを参照します。「参照」には基準となるセルを、「行数」「列数」には基準の位置から移動する数を指定します。「高さ」には行数を、「幅」には列数を指定します。

もとの表

表にデータを追加すると、印刷範囲が自動的に変更されるようにします。

❶ 印刷する範囲を選択して、
❷ <ページレイアウト>タブの<印刷範囲>をクリックし、
❸ <印刷範囲の設定>をクリックします。

MEMO 印刷範囲を設定する

印刷範囲を設定すると、そのセル範囲に「Print_Area」という名前が付きます。

❹ <数式>タブをクリックして、
❺ <名前の管理>をクリックします。

❻ < Print_Area >をクリックして、
❼ <編集>をクリックします。

❽ <参照範囲>に「=OFFSET($A$1,0,0,COUNTA($A:$A),8)」と入力して、
❾ < OK >をクリックし、<名前の管理>ダイアログボックスの<閉じる>をクリックします。

MEMO 行数を指定する

「COUNTA($A:$A)」は、A列に入力されているデータの個数を求めます。ここで求めた値をOFFSET関数の高さ、すなわち行数として指定することで、印刷範囲を自動的に変更できます。

=OFFSET($A$1,0,0,COUNTA($A:$A),8)

337

SECTION 145 便利な技

指定したシートが何枚目にあるかを調べる

対応バージョン 2016 / 2013 / 2010 / 2007

SHEETS
INDIRECT
SHEET

多くのシートがある場合、目的のシートを探すのは手間がかかります。INDIRECT関数とSHEET関数を組み合わせると、シートが何番目にあるのかをすぐに調べることができます。また、ブック内のシート数は、SHEETS関数でかんたんに求めることができます。

≫ 指定したシート名の番号を調べる

書式 =SHEETS([参照])

説明 「参照」で指定した範囲に含まれるシートの数を返します。省略すると、ブック内のシートの数を返します。

書式 =INDIRECT(参照文字列[,参照形式])

説明 P.332を参照してください。

書式 =SHEET(値)

説明 参照シートのシート番号を返します。「値」を省略すると、関数を入力したシートのシート番号を返します。

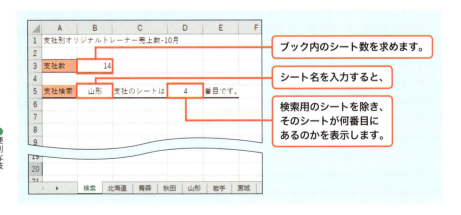

ブック内のシート数を求めます。
シート名を入力すると、
検索用のシートを除き、そのシートが何番目にあるのかを表示します。

338

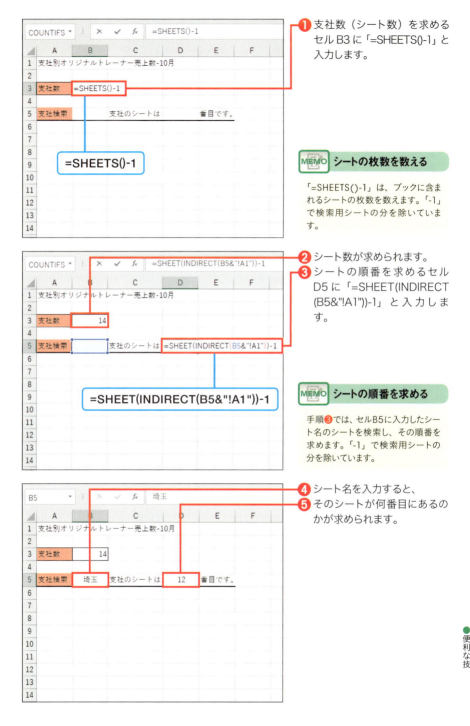

SECTION 146 便利な技

チェックボックスに自動でチェックを付ける

対応バージョン 2016 2013 2010 2007

作成したチェックボックスをクリックするとオン／オフの切り替えができますが、チェックする数が多いと面倒です。この場合は、IF関数でチェックし、TRUEの場合はオン、FALSEの場合はオフに条件付けると自動的に切り替えることができます。

≫ 指定した月のデータを自動的にチェックする

書式 =MONTH(シリアル値)

説明 「シリアル値」に対応する月を1～12の範囲の整数で取り出します。

書式 =IF(論理式[,真の場合][,偽の場合])

説明 P.42を参照してください。

月を指定すると、

指定した月に自動でチェックが付くようにします。

❶ <開発>タブをクリックして、
❷ <挿入>をクリックし、
❸ <フォームコントロール>の<チェックボックス>をクリックします。

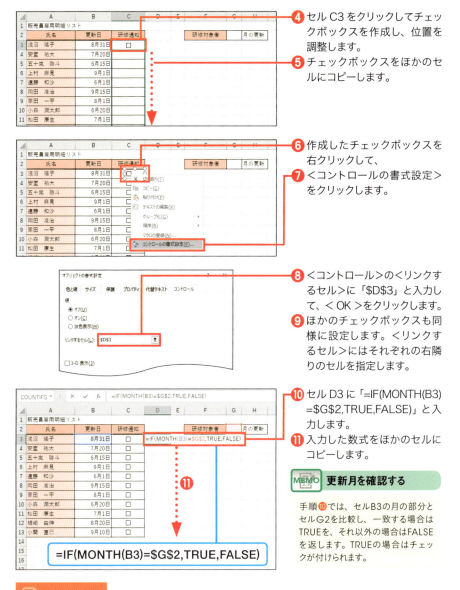

④ セル C3 をクリックしてチェックボックスを作成し、位置を調整します。

⑤ チェックボックスをほかのセルにコピーします。

⑥ 作成したチェックボックスを右クリックして、

⑦ ＜コントロールの書式設定＞をクリックします。

⑧ ＜コントロール＞の＜リンクするセル＞に「$D$3」と入力して、＜OK＞をクリックします。

⑨ ほかのチェックボックスも同様に設定します。＜リンクするセル＞にはそれぞれの右隣りのセルを指定します。

⑩ セル D3 に「=IF(MONTH(B3)=$G$2,TRUE,FALSE)」と入力します。

⑪ 入力した数式をほかのセルにコピーします。

MEMO　更新月を確認する

手順⑩では、セルB3の月の部分とセルG2を比較し、一致する場合はTRUEを、それ以外の場合はFALSEを返します。TRUEの場合はチェックが付けられます。

COLUMN

＜開発＞タブが表示されていない場合は

＜開発＞タブが表示されていない場合は、＜ファイル＞タブの＜オプション＞をクリックして、＜リボンのユーザー設定＞をクリックします。＜リボンのユーザー設定＞の＜メインタブ＞で＜開発＞をクリックしてオンにし、＜OK＞をクリックします。

341

SECTION 147 便利な技

万年カレンダーを作成する

対応バージョン: 2016 / 2013 / 2010 / 2007

年月の変更で変わる万年カレンダーを作成する場合、カレンダーの形状によって使用する関数や作成方法が異なります。ここでは、IF関数、DATE関数、WEEKDAY関数を使用して、日曜始まりか、月曜始まりかを選択できるボックス型のカレンダーを作成します。

≫ ボックス型のカレンダーを作成する

書式 =IF(論理式[,真の場合][,偽の場合])

説明 P.42を参照してください。

書式 =DATE(年,月,日)

説明 「年」「月」「日」の数値から日付データを作成します。

書式 =WEEKDAY(シリアル値[,種類])

説明 P.58を参照してください。

- 開始曜日を日曜日にするか、月曜日にするかを選択できます。
- ボックス型のカレンダーを作成します。

342

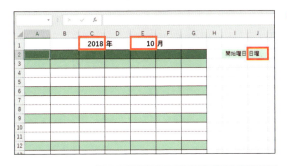

❶ カレンダーの書式を設定します。ここでは、セルC1に年、セルE1に月、セルJ2に開始曜日を入力しています。日付を表示するセルは、表示形式を＜ユーザー定義＞の「d」に設定します。

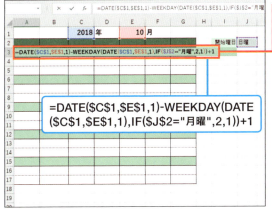

❷ カレンダーの日付の最初のセル（ここではA3）に「=DATE($C$1,$E$1,1)-WEEKDAY(DATE($C$1,$E$1,1),IF($J$2="月曜",2,1))+1」と入力します。

MEMO 最初のセルの日付を求める

手順❷では、WEEKDAY関数で曜日の始まりが月曜なのか日曜なのかを判断し、曜日の数字を求め、セルC1とE1に入力された年月と1日を示す「1」から、最初のセルの年月日を求めています。

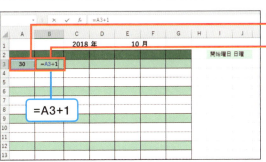

❸ 最初のセルの日にちが表示されます。

❹ 2つ目のセル（ここではB3）に「=A3+1」と入力します。

MEMO 2日目の日付を求める

2つ目のセルは最初のセルの翌日なので、1を足します。

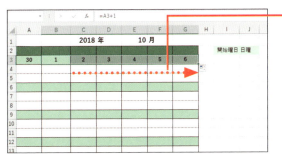

❺ 数式をコピーすると、1週目の日にちが表示されます。

❻ 次の週の最初のセル（ここでは A6）に「=G3+1」と入力します。

MEMO 次の週の日付を求める

週が変わる場合はそのまま数式をコピーできないので、前の週の最後の日にちのセルに1を足した数式を入力します。

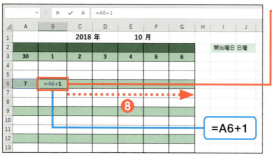

❼ 2週目の2つ目のセル（ここでは B6）に「=A6+1」と入力し、
❽ 入力した数式をコピーします。

❾ 次の週のセルにも同様の方法で数式を入力し、残りの日にちを表示します。

❿ 曜日を表示するセル（ここでは A2）に「=A3」と入力します。

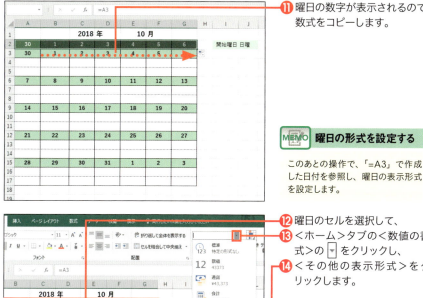

⓫ 曜日の数字が表示されるので、数式をコピーします。

MEMO 曜日の形式を設定する

このあとの操作で、「=A3」で作成した日付を参照し、曜日の表示形式を設定します。

⓬ 曜日のセルを選択して、
⓭ <ホーム>タブの<数値の書式>の ▼ をクリックし、
⓮ <その他の表示形式>をクリックします。

⓯ <表示形式>の<ユーザー定義>をクリックして、
⓰ <種類>に「aaa」と入力し、
⓱ < OK >をクリックします。

345

●索引

記号・数字

" の入力	41
$ （絶対参照）	29, 31
&	112, 174
＊（アスタリスク）	91
，（カンマ）	19
：（コロン）	19
{ } （中カッコ）	34
＝（イコール）	19
〒マーク	303
0を除く最下位からの順位	96
0を除く最小値	158
1行おきに色を付ける	316, 318
24時間以上の表示	246
2列ごとの集計	78

A

ADDRESS関数	192, 280
AND関数	44, 116, 328
ASC関数	274, 275
AVERAGE関数	80, 82, 84
AVERAGEIF関数	154

C

CEILING関数	250, 252
CEILING.MATH関数	250, 252
CELL関数	76, 322
CHAR関数	270, 298
CHOOSE関数	110, 198
COLUMN関数	49, 78, 170, 190, 304
COLUMNS関数	49, 180
CONCATENATE関数	272, 296
COUNT関数	86

COUNTA関数	190, 192, 318, 334, 336
COUNTIF関数	46, 74, 90, 96, 124, 132, 148, 158, 162, 164, 184, 320, 326, 330
COUNTIFS関数	46, 104, 164

D

DATE関数	216, 222, 224, 226, 232, 244, 342
DATEDIF関数	236, 240
DAY関数	64, 230, 254
DMAX関数	135
DMIN関数	135

E

EDATE関数	66, 228
EOMONTH関数	218, 230
EXACT関数	276

F

FIND関数	54, 264, 306
FIXED関数	294
FLOOR関数	206, 250, 252
FLOOR.MATH関数	206, 250, 252

G〜H

GESTEP関数	132
HLOOKUP関数	170
HOUR関数	254
HYPERLINK関数	186

I

IF関数	42, 84, 104, 106, 114, 116, 118, 120, 122, 124, 126, 128, 130, 132, 230

INDEX

IFERROR関数 166, 172

INDEX関数 50, 68, 126, 180, 182, 184, 188, 202, 208, 284

INDIRECT関数 166, 176, 178, 196, 204, 280, 282, 332

INT関数 100, 138, 156, 210, 314

ISBLANK関数 126, 128

ISERROR関数 92, 167, 194, 328

ISEVEN関数 120

ISODD関数 64, 121

J～L

JIS関数 275, 276

LARGE関数 137, 160

LEFT関数

.... 260, 264, 266, 278, 300, 304, 306

LEN関数

.... 262, 264, 278, 286, 288, 290, 308

LENB関数 262, 278, 290

LOOKUP関数 198

LOWER関数 275

M

MATCH関数 51, 126, 182, 188, 284

MAX関数 88, 160, 182, 256

MEDIAN関数 87

MID関数 260, 262, 264, 266, 272

MIN関数 88, 134, 182

MINUTE関数 254

MOD関数

.... 72, 100, 138, 156, 238, 316, 318

MODE関数 94, 284

MODE.SNGL関数 94, 284

MONTH関数............62, 66, 138, 140, 142, 210, 222, 228, 242, 340

N

NETWORKDAYS関数 216, 218

NOT関数 45

NUMBERVALUE関数 296

O

OFFSET関数 82, 334, 336

OR関数 44, 118, 320

P

PERCENTILE.INC関数 122

PERCENTRANK関数 130

PERCENTRANK.INC関数 130

PHONETIC関数 310

PRODUCT関数........................ 132

PROPER関数........................ 274

Q～R

QUOTIENT関数 140

RANDBETWEEN関数 190

RANK関数 70, 102, 106, 108, 110

RANK.EQ関数 70, 102, 106, 108, 110

REPLACE関数 268, 302

RIGHT関数 262, 278, 300, 304, 308

ROUND関数 80

ROUNDUP関数 256

ROW関数 48, 72, 202, 314, 316

ROWS関数........................ 48, 49, 180, 214

347

索引

S

SHEET関数	338
SHEETS関数	338
SMALL関数	96, 136, 158, 184, 202
SUBSTITUTE関数	266, 270, 286, 288
SUBTOTAL関数	98, 108
SUM関数	68, 72, 90, 102, 156, 246, 288
SUMIF関数	47, 58, 60, 62, 66, 70, 76, 138, 142, 144, 146, 162, 204, 206
SUMIFS関数	47, 148
SUMPRODUCT関数	52, 56, 92, 150, 152

T

TEXT関数	144, 154, 248, 292, 294
TIMEVALUE関数	248
TODAY関数	236
TRANSPOSE関数	181
TRIM関数	270, 298, 302
TRIMMEAN関数	86
TRUNC関数	74

U〜V

UPPER関数	275
VALUE関数	249
VLOOKUP関数	53, 170, 174, 176, 178, 186, 196, 238, 282

W〜Y

Web関数	19
WEEKDAY関数	58, 146, 150, 224, 320
WEEKNUM関数	60
WORKDAY関数	214, 218, 220, 224, 226, 232
WORKDAY.INTL関数	234, 244, 324
YEAR関数	56, 152, 222, 224, 226, 238, 242

あ

値のみ貼り付け	312
移動平均	82
入れ子	40, 43, 114
印刷範囲の自動調整	336
印刷範囲の設定	337
営業日数	216
営業日	214
干支	238
エラー値	93
エラー値を表示しない	128, 172
エラーの確認	194
エラーメッセージのスタイル	331
演算子	112
エンジニアリング関数	19
オートSUM	23
同じ順位をなくす	102

か

改行コード	270, 298
改行の削除	270
価格帯別の集計	206
上半期の集計	142
カレンダーの作成	342
関数とは	18
関数の組み合わせ	40
関数の検索	25

INDEX

関数の種類………………………	19	最大値を項目名で取り出す …………	182
関数の書式………………………	19	最頻値……………………………	94
関数の挿入………………………	24	財務関数…………………………	19
＜関数の挿入＞ダイアログボックス …	24	算術演算子………………………	112
関数の入力………………………	20	参照演算子………………………	112
関数のネスト ……………………	40	参照方式の切り替え ……………	31
＜関数の引数＞ダイアログボックス		シートの有無 ……………………	166
………………………… 23, 25, 26, 41		時間の合計………………………	246
関数の分類………………………	24	市区町村名の取り出し …………	262
関数名……………………………	19	時刻の表示形式 ………… 248, 258	
関数ライブラリ …………………	22	四捨五入…………………………	80
記号の数を数える ………… 286, 288		指定日数後の日付 ……… 220, 234	
奇数行の集計……………………	73	時の取り出し ……………………	254
奇数日ごとの集計 ………………	64	四半期別の集計 ………… 138, 140	
キューブ関数 ……………………	19	締め日を基準にした支払日 …… 230, 232	
切り上げ………………… 250, 252		締め日を基準にした月 ………… 66, 228	
切り捨て………………… 250, 252		締め日を基準に集計 ……………	66
金種表……………………………	100	下半期の集計……………………	142
勤続年数…………………………	240	集計行の挿入……………………	98
勤務時間………………… 250, 252		集計方法…………………………	98
偶数行の集計……………………	73	週番号……………………………	61
偶数日ごとの集計 ………………	64	週末番号………………… 234, 244, 324	
グラフの作成……………………	83	順位…………… 70, 102, 104, 106, 108, 160	
計算結果…………………………	19	順位を文字で表示………………	110
検索する表の切り替え …………	176	小計の挿入………………………	98
合計時間の表示…………………	246	上限・下限の設定 ………………	88
		条件付き書式………… 316, 318, 320, 322	

さ

		「照合の種類」の指定方法 …………	189
最近使った関数 …………………	22	情報関数…………………………	19
最終営業日………………………	218	書式記号…………………………	258
最小値……………………………	134	処理の振り分け …… 43, 114, 116, 118, 120	
最小値を項目名で取り出す ………	182	シリアル値………………………	258
最大値……………………………	135	新規セルに移動…………………	192

349

索引

数学／三角関数 ･････････････ 19
数式オートコンプリート ･･･････ 21
＜数式＞タブ ･･･････････････ 22
数式の結果だけを使用 ･･･････ 312
数式のコピー ･･･････････････ 28
数式の修正 ･･･････････････ 27
数式バー ･･･････････････ 19
数字を数値データに変換 ･･･････ 296
数値を1桁ずつセルに表示 ･･･････ 304
スペースの削除 ･･･････ 270, 302
スペースの挿入 ･･･････････ 302
整数のセル幅 ･･･････････ 77
姓と名の取り出し ･･･････････ 264
絶対参照 ･･･････････････ 29
セル参照 ･･･････････ 27, 28
セルに色を設定 ･･･････ 316, 318, 320, 322
セル範囲に名前を付ける ･･･････ 32
セル範囲の指定 ･･･････････ 36
全角文字の取り出し ･･･････ 278
全角文字を数える ･･･････ 290
相対参照 ･･･････････ 28

た

ダイアログボックスの切り替え ･･･････ 41
チェックボックス ･･･････････ 340
中央値 ･･･････････ 87
中間項平均 ･･･････････ 86
重複データの確認 ･･･････ 124, 330
重複データの抽出 ･･･････ 184
重複を除くデータ ･･･････ 162, 164
月の合計を繰り上げる ･･･････ 156
月の取り出し ･･･････ 62, 99, 208
月を四半期ごとに取り出す ･･･ 139, 140, 211

データの入力規則 ･･･････ 324, 326, 328, 330
データベース関数 ･･･････ 19, 135, 168
データベース形式の表 ･･･････ 168
データを縦方向に検索 ･･･････ 170
データを横方向に検索 ･･･････ 171
電話番号の表示形式 ･･･････ 300
統計関数 ･･･････････ 19
都道府県の取り出し ･･･････ 260
土日を除く営業日 ･･･････ 214

な

名前の管理 ･･･････････ 33
名前の定義 ･･･････････ 32
名前の編集 ･･･････････ 33
入力リスト ･･･････ 332, 334
ネスト ･･･････ 40, 43, 114
年月日の英語表記 ･･･････ 292
年月の取り出し ･･･････ 154
年代を求める ･･･････ 74
年度の取り出し ･･･････ 242
年の取り出し ･･･････ 63

は

ハイパーリンク ･･･････ 186
配列 ･･･････････ 34
配列数式 ･･･････ 34, 36
配列数式の修正 ･･･････ 38
配列の要素 ･･･････ 34
外れ値を除く ･･･････ 84
範囲名 ･･･････ 32
範囲名に使えない文字 ･･･････ 32
半角文字の取り出し ･･･････ 278
半角文字を数える ･･･････ 290

INDEX

番地の取り出し ……………………… 262
比較演算子 …………………………… 112
引数 …………………………………… 19
引数「週末」の指定 ………………… 245
引数の指定 ………………… 21, 23, 25
引数の修正 …………………………… 26
日付から月を取り出す ……… 62, 99, 208
日付から年月を取り出す …………… 154
日付から年を取り出す ……………… 63
日付から日を取り出す ……………… 64
日付／時刻関数 ……………………… 19
日付の表示形式 ………………… 154, 258
日の取り出し ………………………… 64
表示行だけに順位を付ける ………… 108
表示された数値で計算 ……………… 81
表示列のみを集計 …………………… 76
秒の切り捨て ………………………… 248
表の縦横を入れ替え ………………… 180
フィールド（1列分のデータ） …… 168
フィルター …………………………… 108
フィルハンドル ……………………… 28
複合参照 ……………………………… 30
複数シートの集計 …………………… 178
ブックを並べて表示する …………… 199
ふりがな ……………………………… 310
分の取り出し ………………………… 254

ま

万年カレンダー ……………………… 342
満年齢 ………………………………… 236
未入力をなくす ……………………… 126
文字種の変換 ………………………… 275
文字の結合 ………………………… 294, 298

文字の統一 …………………………… 274
文字列操作関数 ……………………… 19
文字列の取り出し ………… 266, 306, 308
文字列の比較 ………………………… 276
文字列連結演算子 …………………… 112
戻り値 ………………………………… 19

や

ユーザー定義 ………… 229, 247, 258, 345
曜日ごとの集計 ……………………… 144
曜日の取り出し ……………………… 144
曜日の表示形式 ……………………… 144
曜日番号 ………………………… 58, 148

ら〜わ

乱数 …………………………………… 190
リンク ………………………………… 186
リンク付きで抽出 …………………… 186
累計 …………………………………… 70
レコード（1件分のデータ） ……… 168
列を非表示にする …………………… 269
連番の作成 …………………………… 314
論理関数 ……………………………… 19
論理式 …………………………… 42, 43
論理値 ………………………………… 43
ワークシートの有無 ………………… 166

351

お問い合わせについて

本書に関するご質問については、本書に記載されている内容に関するもののみとさせていただきます。本書の内容と関係のないご質問につきましては、一切お答えできませんので、あらかじめご了承ください。また、電話でのご質問は受け付けておりませんので、必ず FAX か書面にて下記までお送りください。なお、ご質問の際には、必ず以下の項目を明記していただきますよう、お願いいたします。

① お名前
② 返信先の住所または FAX 番号
③ 書名（今すぐ使えるかんたん Ex Excel 関数組み合わせ プロ技 BEST セレクション）
④ 本書の該当ページ
⑤ ご使用の OS とソフトウェアのバージョン
⑥ ご質問内容

なお、お送りいただいたご質問には、できる限り迅速にお答えできるよう努力いたしておりますが、場合によってはお答えするまでに時間がかかることがあります。また、回答の期日をご指定なさっても、ご希望にお応えできるとは限りません。あらかじめご了承くださいますよう、お願いいたします。

問い合わせ先

〒 162-0846
東京都新宿区市谷左内町 21-13
株式会社技術評論社　書籍編集部
「今すぐ使えるかんたん Ex Excel 関数組み合わせ プロ技 BEST セレクション」質問係
FAX 番号　03-3513-6167　URL：https://book.gihyo.jp/116

お問い合わせの例

FAX

① お名前
　技術　太郎
② 返信先の住所または FAX 番号
　03- × × × × - × × × ×
③ 書名
　今すぐ使えるかんたん Ex Excel
　関数組み合わせ プロ技 BEST
　セレクション
④ 本書の該当ページ
　77 ページ
⑤ ご使用の OS とソフトウェアの
　バージョン
　Windows 10
　Excel 2016
⑥ ご質問内容
　結果が正しく表示されない

※ご質問の際に記載いただきました個人情報は、回答後速やかに破棄させていただきます。

今すぐ使えるかんたんEx

Excel関数組み合わせ プロ技 BEST セレクション

2018 年 6 月　7 日　初版　第 1 刷発行
2019 年 2 月 15 日　初版　第 2 刷発行

著者	AYURA
発行者	片岡　巌
発行所	株式会社 技術評論社
	東京都新宿区市谷左内町 21-13
	電話　03-3513-6150　販売促進部
	03-3513-6160　書籍編集部
装丁デザイン	神永　愛子（primary inc.,）
本文デザイン	今住　真由美（ライラック）
カバーイラスト	©koti - Fotolia
編集／DTP	AYURA
担当	鷹見　成一郎
製本／印刷	日経印刷株式会社

定価はカバーに表示してあります。

落丁・乱丁がございましたら、弊社販売促進部までお送りください。交換いたします。
本書の一部または全部を著作権法の定める範囲を超え、無断で複写、複製、転載、テープ化、ファイルに落とすことを禁じます。
© 2018　技術評論社

ISBN978-4-7741-9755-5 C3055

Printed in Japan